蓉儿 著

酢浆草养成手记

U0222712

江苏凤凰文艺出版社
JIANGSU PHOENIX LITERATURE AND
ART PUBLISHING, LTD

目录

第一章

初遇酢浆草

　　路边有一植物，叶子由三到四片小叶组成，开着粉色或黄色的小花，清新可爱。初次相遇，不曾知道其名为"酢浆草"，也不曾知道它还有很多漂亮的品种。

酢浆草，是指酢浆草科酢浆草属一年生或多年生的草本植物，酢浆草属拉丁名为 *Oxalis*。植株形态矮小紧凑，全身披有细软绒毛，由地下块根、球茎或者鳞茎等方式繁殖生长。酢浆草的品种多样，分布广泛，原产地主要集中在南美和南非等地。花型小巧玲珑，花色琳琅满目。

● 形状多样的叶子　　　　　　　　　● 琳琅满目的花色

酢浆草较为突出的特点是它的叶片，酢浆草多由三片复叶组成一片完整叶子，常见的叶型呈现有卵形、尖枪形、心形和扇形等。喜光照，花朵日开夜合，晴开雨合，叶片也会在夜晚向下收拢，白天重新展开，这是一种植物在光合作用下的昼夜节律现象。它们抗旱能力较强，对土壤环境不挑剔，耐冷不耐冻，夏季高温，部分品种会出现地面植株枯萎休眠的现象，秋季重新复苏生长。

二、酢浆草的发展

小时候对酢浆草的印象是路边随处可见、开着黄色和粉色的小野花，童年的记忆中，三五个小伙伴聚在一起，扒拉着草丛，头碰着头，寻找着难得长出四片叶子的"幸运草"。也是在不懂事的年龄，非常喜欢采摘它的叶片咀嚼它的酸味，

 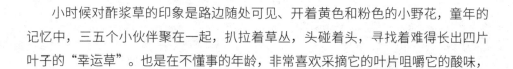

一直叫它"酸咪咪"。真的爱上园艺后才知道它的中文学名叫酢浆草，而"酢"这个字，被很多花友取其右部"乍"（zhà）字的读音，误认为是"榨"、"柞"、"炸"、"搾"或是"醡"。其实"酢"正确的念法是（cù），花友们常亲切地称呼酢浆草为"酢"，在下文中部分内容将以"酢"字简化代替"酢浆草"的全称。

● 红花酢浆草　　　　　　　　　● 黄花酢浆草

　　近十年，酢浆草慢慢走入了国内园艺的市场，从路边的小野花逐渐变成家庭栽培中的新宠儿。最初只是零星几位花友培育养殖，这些引进的新品种种类繁多、花色艳丽、叶片形态多样、花期长、容易养护，有别于野生酢浆草。

随着花友们的美图传播，更多的人重新认识了这个在国内园艺界并不起眼的植物，慢慢刷新了对它的旧有认知，酢浆草不再是路边不起眼的野花，而是一种新的追求。国内的园艺大公司也抓住了发展的契机，开始陆续引种酢浆草新品，早几年就开始玩酢浆草的先驱花友嗅到了商业的机会，着手租赁大棚打造自己的培育基地，不断繁殖更多的种球满足现在越来越大的市场供需。酢浆草也快速地从个别花友小打小闹，变成了一种园艺新时尚。

大约是从 2012 年、2013 年起，种植酢浆草的人群开始骤然增多，随后国内的高玩花友尝试着自己杂交培育新品种，2014 年开始至今，市场上新增了非常多的杂交花色。

三、品种大分类

酢浆草品种多样，花友们为了方便管理，根据酢浆草的不同形态、生长特征等对其进行了分类，这个分类并不是严格按植物学上的概念进行分类，分类也不包含所有的酢浆草。

根据地下部分形态的不同，大体上被划分为鳞茎酢浆草、块根酢浆草和球茎酢浆草，这几类酢浆草会在后面章节进行详细的介绍。

根据酢浆草种植开花时间的不同，大体上被划分为春植酢浆草、秋植酢浆草以及四季酢浆草。

（一）春植酢浆草

春植酢浆草，顾名思义是指在气温逐渐回升的春天栽培的酢浆草，种植时间在 2 月至 5 月。夏季会继续生长并开花，但高温需要适当遮蔽，防止叶片炙伤。一直到秋天来临，随着气温的下降，春植酢浆草会进入休眠期，此时把地下根挖出来干燥储藏，等待次年春天继续播种。

Oxalis deppei 'Mexico BotKA G4' （G4 酢浆草）是其中比较有名的品种，其最大的特点是叶片，大多数酢浆草的叶片都是三复叶，而 G4 酢所有的叶片均是由四片小叶子组成。G4 酢就是浪漫传说中的四叶幸运草，每片小叶子中心都带有一个深紫红色的波浪纹，一组四个波浪纹圈成了一个环形，如同翩翩飞舞的蝴蝶，优雅空灵。

● G4 酢浆草

春植酢浆草相对来说品种不多，国内比较出名的有：G4 酢、铁十字酢、金脉酢、毛蕊酢等。它们的叶片各具特色，叶型也比较大，会给人带来清新愉悦的观赏性。由于在春天播种种植，气候条件比较优越，生长速度很快，球根饱满的情况下，伴随着和煦的春风完成种植后的一两周内就能开花。

（二）秋植酢浆草

秋植酢浆草最大的特点就是秋天播种，是近几年国内园艺市场比较受追捧的类型。它们品种繁多，主要依靠球根繁殖，生命力旺盛，开花灿烂夺目。花期集中在秋、冬、春三季，不怕冷比较怕热，会在夏季来临的时候进入休眠期，地面部分逐渐出现黄叶直至全部枯萎，此时需要停止浇水，可取出地下球根保存妥当，等待秋季的来临，又会重新进入一个新的循环。

● 地面部分逐渐枯萎的酢浆草

作为球根植物，它们有别于郁金香、风信子、水仙花等大型球根，酢浆草的球根繁殖速度很快，新生球根第二年依旧保持蓬勃的开花性，因此也是优良的家庭种植品种之一。

秋天种植后，它们的主要生长期在冬天，生命力顽强的秋植酢浆草适应全国各地的气候条件。北方冰冻严重，固然不能在室外越冬，但是因为北方室内采取供暖，所以酢浆草能养在窗台上，会给寒冷的冬季带来一丝绿色的暖意。在华东、华中和西南等冬季阴冷的地区，他们可以在室外过冬，能够适应零下七度左右的天气气候。而更靠南面的珠江三角洲和四季如春的云南等地，冬季本身不会太冷，秋植酢浆草可以生长得非常健康茁壮，不需要考虑过冬防寒问题。

根据品种、地区气候、球根大小等不同因素，秋植酢的花期也各有差异。比如 *Oxalis* 'Puppy Love Purple'（紫花早恋），几乎省略了夏季休眠期，生长周期接近四季酢浆草，只在盛夏时节短暂的休眠半个月至一个月左右，很快就会重新苏醒，五、六月的时候就能再度发芽，入土栽培也能快速恢复成长，重新焕发新的生命，不过终究是秋植酢浆草，怕热的属性依旧很明显，在夏季需要给予遮阳防暴晒的养护条件。

● 紫花早恋

● 发芽的球根

花期比较晚的秋植酢浆草，在九、十月份播种以后，一直到次年四、五月才会开花，比如 *Oxalis brasiliensis* 'Pink&White'（粉白巴西酢）。叶片尤为茂盛，植株的生长期特别漫长，一般在其他秋植酢浆草陆续出现夏季休眠的情况时，巴西酢才会逐渐绽放它的美颜。花期也就会显得特别短暂，因为刚开始开花没多久就会随着气温的升高，慢慢走向休眠期。它的球根比较罕见，是一种不用等待发芽就可以直接入土播种的秋植酢浆草品种。

● 粉白巴西酢的球根

● 粉白巴西酢

　　四季酢浆草，春、夏、秋、冬均能栽培，在温度条件舒适的养护环境，能够做到一年四季开花不断，是酢浆草中对生长环境要求最低的类型。

　　以 *Oxalis articulata*（关节酢浆草）为代表，由于它花量惊人、植株繁衍迅速、易于管理、病虫害比较少等突出的优点，被广泛地运用在城市常见的绿化植被中。在路边、公园、小区随处可见。夏季炎热的地区，植株地面部分可能会出现半休眠的状态，大部分叶片呈现枯黄、疲软等症状，但是不影响植株本身的健康，随着气温下降，会马上恢复蓬勃生机。园林设计师考虑到它的特性，往往会把四季酢浆草种植在大树树荫下，或者灌木丛下，能够在夏季为四季酢浆草营造一个遮阳的小环境，避开半休眠的情况，做到真正的四季花开。

● 关节酢浆草

第二章 爱上酢浆草

对这个名为"酢浆草"的花有了进一步的认识，原来它并不只是路边的小花，在了解到它的特性、优点、运用等方面之后，慢慢就爱上了酢浆草。

受到儿时固化记忆的约束，很多小伙伴对酢浆草的认知，仍停留在它们就是路边野花、树下杂草的刻板印象中，其实酢浆草早已成为园艺爱好者捧在手心的美丽精灵。

酢浆草小小的身躯里，有着许多足以让你爱上它的优点。

（一）品种丰富

酢浆草的品种繁多，可以根据所在地域的不同选择适合自己养殖环境的种类。

春植酢浆草和四季酢浆草适应特别广泛，全国各地均能栽培。秋植酢浆草品种最多，它们的花期集中在 9

●多种多样的酢浆草种球

月至次年 5 月。可以根据开花时间的早晚划分为早花品种和晚花品种，早花品种酢浆草秋播后最快一周内就会开花，花期集中在秋季和初冬时节，最长能一直开到夏季休眠的来临。而晚花品种酢浆草以 *Obtusa* 系列为主，花期在冬春两季。因为品种的多样性，在选择种植品种的时候需要充分考虑到季节变化以及气温光照等外部因素对开花的影响。

相对来说，早花品种比较适合温暖的珠江三角洲、日照充沛的京津冀等地区，只要能够保证秋天生长旺季以及盛花期的温度比较恒定，光照比较充足，就能迎来爆盆花开的精彩灿烂。而江南以及四川、重庆等地区，秋季阴雨天比重过大，光照条件不是很充足，养护早花品种所花费的心力更甚，因此晚花品种更适宜此区域的生长环境。

琳琅满目的品种给全国各地的花友提供了宽广的选择空间，根据不同的气象气候，总能找到适合的那款。

（二）花色丰富

正因为丰富的品种，所以它的花色也是包罗万象，能够打造出多姿多彩的梦幻世界。有热情洋溢的鲜红色、有娇娥纤柔的嫩粉色、有醇懿雅静的明黄色、有高贵典雅的靛紫色、有纯洁清爽的亮白色、有温暖浪漫的古铜色，等等。百花盛放千姿百媚，这是大自然赋予养花人的旖旎风光，让我们徜徉在色彩的怀抱。

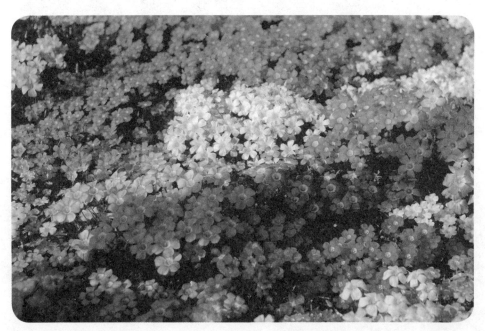

●丰富的花色

（三）养护简单

酢浆草属于球根植物，地下球根部分贮藏着大量的养分，养护简单，容易开花，适合懒人种植。别看酢浆草的花形娇小，但是它们有着爆盆开花的巨大能量，一颗小小的种球就能撑起 10~35 cm 的花冠，块根酢浆草更是能养出超 60 cm 的

●巨大花球

巨大花球。震撼的花量往往能够全面遮蔽叶片，做到只见花不见叶地绽放着粉黛绚丽。这样的花球非常容易养殖和管理，无须人工打顶，自然成球爆盆，品种本身的优越性极为突出。

（四）花期长

寒冷的时节，是球根植物的最爱，郁金香伸着懒腰开始缓慢生长，风信子窜着个头不甘示弱，水仙花更是年宵花卉的重要代表。但是这些球根的花期大多数都在深冬和早春，且花期较短。而酢浆草由于品种多样化，花期可以覆盖全年，尤其是能给冬季带来蓬勃旺盛的朝气，比如 *Obtusa* 系列的部分品种可以从 12 月的初花，一直盛放至次年 5 月，花期长达半年之久，成为花友阳台、露台、花园里冬日最美的一道风景线。

●12 月的初花

●次年 5 月的盛花

二、酢浆草园艺上的运用

随着酢浆草的推广，这种新兴的植物在园艺上的运用也越来越多。

（一）城市绿化

四季酢浆草因为植株低矮、花期长、覆盖地面迅速、粗放式管理等特点，近几年被用作地被植物在国内城市绿化上广泛引进、栽培和种植。

（二）家庭园艺

家庭养殖酢浆草越来越受到追捧，阳台、露台、花园里都出现了它们的身影。木本植物窸窸窣窣落叶后，大地逐渐进入静寂，可酢浆草可以颠覆秋冬季带给人的萧瑟苍茫感，用顽强的抗寒性展现着尤如春意盎然般的生命力，成为一道靓丽的风景线。

(三)园艺造景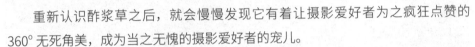

酢浆草不仅能够调剂冬季的凛冽，也可以成为园艺造景的优良素材。它绰约丰满的株型可以轻松搭配木本植物的坚毅壮硕，它静娴温婉的气质可以完美装扮露台的韶华春光。用素色小花可以创造喧嚣闹市里的一方净土，用缤纷炫彩也能缔造平静如水中的波光涟漪。不同的运用方式展现出不一样的园艺气质。

三、摄影爱好者的宠儿

重新认识酢浆草之后，就会慢慢发现它有着让摄影爱好者为之疯狂点赞的360°无死角美，成为当之无愧的摄影爱好者的宠儿。

很多品种的酢浆草有着妖娆的花背，完全不输正面花开的风情；花苞既脆弱又坚毅，展现希望和生机；多种多样的叶片形态更是演绎了层出不穷的气场。它既能奉献文艺的恬淡，又能塑造平凡的浪漫，是非常棒的摄影题材。

在取景酢浆草时，可以注意几个方面：

(一)设备

拍摄植物是一种静物取景，可以尝试使用相机的定焦镜头，大光圈的背景虚化效果特别好，能够比较突出拍摄主题，让画面的立体感更强烈。手机拍摄时也多取近景，能够清晰展现花瓣的脉纹和色彩。

● 设备

(二)光线

　　拍照的时候光线的运用很关键。晨光和余晖是摄影人最爱的光线，出片率特别高。由于酢浆草的生物特性，它的盛花集中出现在上午9时左右至太阳落山前，正是全天光照最强烈的时候。这时顺光拍摄，往往会出现光线过曝，色彩偏差的情况。要合理运用自然光，就需要找一些适当的位置和角度，用阴影遮挡来解决曝光过度的情况，也可通过调节相机参数来达到目的。酢浆草更适合逆光照，光线透过轻薄的花瓣透出，这样的美，是柔和的也是刚强的，是温暖的也是有力度的。

● 逆光下的酢浆草

(三)构图

　　把酢浆草作为主题拍摄，画面中其他事物充当背景。要做到突出主题，背景中不能出现太抢镜的东西，尽量保持干净整洁，或者纯色背景图。比如把花盆举高对着天空拍，用蓝天当作背景，纯粹简洁。不一定要把主题放在正中间，可以用更多的留白方式让照片充满朦胧的生机。

● 蓝天与酢浆草

（四）后期

　　作为业余摄影爱好者，保证图片清晰度，适当加强饱和度和对比度，就能让画面增色不少。当然专业摄影师精益求精的后期加工也是大家学习借鉴的范本。

● 原图与后期图片对比

　　种花种草能美化环境，欣赏自己种出来的美丽鲜花又能抚慰心灵，结合摄影爱好留下张张倩影更是陶冶情操。希望大家在玩酢浆草的道路上越走越远、越走越好。

第三章
拥有酢浆草

爱上酢浆草之后，自然而然地拥有了酢浆草。拥有酢浆草后，为了让它变得更好，需要了解它的栽培性质，如土壤、光照、浇水、施肥等。

酢浆草生命力顽强，对生存的土壤要求不高，然而仅仅追求生存并不是我们养花人的目的，花开爆盆才是最终目标。

工欲善其事必先利其器，土壤的好坏就是其中最重要的因素。好的土壤就是助推器，强烈推荐蚯蚓土栽培酢浆草，能够轻松做到繁花似锦的种植效果。这是我经过多年实践对比后，总结出的最理想的酢浆草土壤。我曾直接使用网购的营养土、泥炭土和椰土种植酢浆草，出现的问题比较多，会有不同程度的僵苗状况，僵苗是指植物出现发根受阻，出叶迟缓，生长停滞等现象。而在同时播种、同样养护条件下，使用蚯蚓土自配土壤种出来的酢浆草都健康壮硕。

●不同程度的僵苗状况的酢浆草

●生长健康壮硕的酢浆草

经过观察，买来的几种土壤介质，均存在着大小不一的几个问题：

1. 过于松软，扎根不稳，尤其是浇水过后，苗体会出现倒伏和下沉。

2. 很难掌握浇水频率，要么保水性太强，透气性不好，水流不畅；要么极易蒸发，出现过于干燥的情况。

3. 土壤肥力不够，无法供给植物生长所需的养分。

4. 介质透气性不够，容易出现霉变腐烂。

自己调制的配土由于使用到了蚯蚓土成分，土质松软而不轻浮，土壤结构很扎实，透气性特别好，非常利于植物的根系生长，根系发达了，吸收到的水分和养料也能更充分，植物自然而然地就变得生机勃勃。

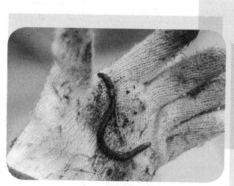

●蚯蚓

●榨豆浆后的豆渣

　　蚯蚓粪是有机肥王，植物生长所需的氮、钾、磷肥它都能提供，内含丰富的有益菌和有机质。花友自己制作蚯蚓土也能更好地配合酢浆草的生长周期，让旧土能得到更合理的循环利用。夏季秋植酢浆草休眠期来临，把地下球根挖出来保存后，种植过的土壤就可以直接拿来养殖蚯蚓，平均每20升土投放1~2条蚯蚓即可，保湿存放，适当喂食厨余当饵料，我用的是榨豆浆后的豆渣做填埋喂饲，蚯蚓会为你改善旧土存在的板结问题，还能为土壤增添新的肥力。经过一个夏季的养殖，旧土得到休养生息，秋播季重新拿来种植酢浆草，又能迎来新一年的爆盆花开。

　　市面上常见的土壤介质均能用来养殖蚯蚓，经过蚯蚓的"加持"，不管是园土、营养土、泥炭土还是椰土都具备了最基础的肥力，种植酢浆草时，可以适当调配各介质的比例，并加入颗粒增强土壤透气性，保证地下球根不会因水分过多而烂球。

　　当然蚯蚓土制作很多花友会嫌麻烦，市面上也很难购买到标准合用的蚯蚓土。这种情况下，推荐大家采用园土：泥炭土：珍珠岩按1:1:1的比例调配土壤种植酢浆草。园土本身内含有机质能提高种植土壤的养分，又自带黏性和泥炭土结合有利于稳固地下根系，泥炭土酸碱度适宜，本身松软正好能改善园土容易板结的问题，添加珍珠岩有助于加强土壤透气性和滤水性。

土壤介质存在着多样性，我们养花人只要弄明白了每种介质的优缺点，注重土壤的调配，种出来的酢浆草就能爆盆花开，灿烂妖艳。

●园土：泥炭土：珍珠岩 1:1:1 的调配比例

● Oxalis obtusa 'Fireglow'

二、光照

　　酢浆草与向日葵、太阳花的植物属性很像，是喜欢温暖且阳光充足的生长环境，它们有生物本能的向阳性。酢浆草大多数品种只在晴天开花，雨天花瓣会合拢，同时也只在白天开花，夜晚闭合休眠。如果阳光不足就会造成植株生长不良、花苞幼小僵化、花朵无法绽放、地下球根繁衍滞涩等各种问题。

●向阳的酢浆草

　　对很多地区来说，秋冬季节温度偏低，光照比较稀缺，想要养好酢浆草就尽可能把花盆放置在光照充分的环境里，只有得到阳光的抚慰，茎叶才能更健硕，开花才能更耀眼。因此，酢浆草是不适合室内弱光的生长条件，北方供暖地区封闭式环境需要把花盆搁在隔着玻璃的最佳采光位。华中、华东及西南等地区冬日阴雨天特别多，酢浆草很容易因为缺光而造成徒长，同样也会影响开花效果，如果有条件的花友可以采取补光灯方式提供人工照明，或者后期进行人为的株型调整修剪。而再往南的华南地区由于日照充足，秋冬季节只要给予酢浆草合理的光照环境就能养出美丽的盆栽。

　　秋植酢浆草的播种季集中在 8 月至 11 月，8~9 月国内中部和其以南地区的气温还居高不下，常常在 30~35 ℃ 以上，所以刚播种的酢浆草也需要制造阴凉的发芽环境，在植株尚未出土前，无须补充光照，把刚埋入土的酢浆草花盆安放在弱光的角落，等待新生的嫩芽破土而出。一般在舒展出叶片和嫩芽后，就能给它们晒太阳了，需要注意的是 30 ℃ 以上甚至 30 ℃ 左右的高温暴晒天，还是需要拉遮阳网等措施遮挡直射强光。新生的嫩芽都比较脆弱，抵挡不住高温炙烤，很容易出现焦叶情况，更甚会直接被太阳晒死。酢浆草种球生命力比较顽强，被太阳烤焦嫩芽后，如若没有伤及球体本身，会二度发芽再次挑战新生命。等到9月中下旬至10月初气温下降，会迎来一波酢浆草的生长旺季，早花的酢浆草品种得到充分的土壤养分供给和阳光的照射，很快就能华丽盛开。

●遮阳网遮挡直射的强光

三、浇水

　　浇水的时间和需水量都没有唯一的衡量标准，每个人都需要根据自己的养殖土壤、地域差异、气温气候、光照条件等各项因素来调控浇水频率和总量。

　　很多花友栽培酢浆草喜欢用"干透浇透"的方式进行养殖，但这种浇水方法其实更适合多肉植物，其肉质根茎本身自带储水功能。而对球根植物来说土壤过于干燥会造成植株营养不良、发育缓慢，虽然因为控制了水分供给，茎叶不会徒长，但是得不到水分滋养更容易出现僵苗问题。经过多年的种植观察，球根植物的生长还是偏爱略微潮湿的土壤环境，因此更适用于"潮而不湿"的浇水原则。所谓"潮而不湿"，就是土壤长期保持一定的湿润度，但是不产生积水。保持适当的含水量，根系就能通过吸收土壤内的水分更健康地成长。

● "潮而不湿"的状态

　　土壤保持湿度的比重，也因土壤介质的不同而有所差异，种植土壤保水性比较好的，表层看着已经发干，但是内部仍然含有大量水分，视觉效果上会产生误区，继而不断补水，其结果往往是水太多引起球根霉烂直接死亡。所以到底需不需要浇水，或者什么时候浇水不能完全凭借肉眼判断，可以直接拿起花盆，大致掂一下重量，依此估算是否需要浇水。

　　养酢浆草的时间久了，不用掂盆，也能自然而然地掌握不同季节相对应的需水量。下面以秋植酢浆草举例说明。

　　秋植酢浆草的播种季节在 8 月底至 10 月，气温尚有余热，水分蒸发比较快，一周左右就需要及时充水分。但又因为此时秋植酢浆草刚入土，根系尚不发达，植物本身也不是很繁茂，浇水的时候尽可能用小勺沿着盆口边缘少量补水，或者使用喷雾式喷壶，喷洒土面来保湿，避免动作过大引起水土流失进而把刚入土的种球冲出土面。每次补充 100ml 至 300ml 左右即可，这主要根据花盆大小和植株生长情况判断。

11 月以后乃至整个冬季气温随之下降，植株越来越茂盛，根系也日渐稳固，就能换用大号水瓢或者计量壶等工具直接浇灌，浇水频率也能相应延长到每一两周浇水一次。但这时候处在酢浆草的生长旺季，每次浇水可以根据具体需求上升至 300ml 至 500ml。等到春天来临，气温回升，酢浆草迎来新一波盛花期，浇水又要相对增加频率和总量。

直至地面部分出现黄叶，植株陆续枯萎，代表休眠期即将来临，慢慢减少浇水，最后在 4 月底至 5 月底期间彻底断水，静等地面部分进入休眠。

春植酢浆草和四季酢浆草在夏季不需要进行断水操作，高温进入半休眠状态的酢浆草也需要少量补水防止脱水而亡。

除了人工浇水，下雨也是补充水分的最好方式，酢浆草不怕风雨，可以直接露养，连续阴雨天较多的地区，在种植时加大土壤内颗粒的配比，有助于排水防止烂球。大雨过后就要注意增加肥力，补充因雨水冲刷造成的肥力流失。

四、施肥

酢浆草种植过程中非常消耗肥力，对肥料的运用是花开满盆的重要因素之一，了解施肥的基础学问，是养好酢浆草最大的助力。

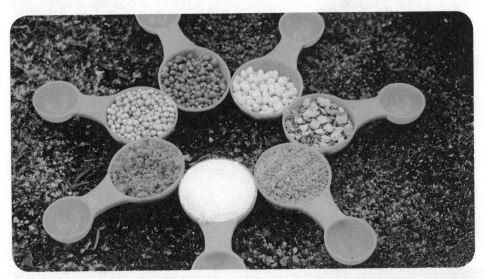

（一）底肥

底肥，如果选择的土壤本身就是自带肥力的蚯蚓土，那在底肥的使用上可以适量减少。蚯蚓粪是有机肥，也不存在发酵的过程，哪怕大量应用在种植过程中，也不会因为浓度过量或者尚未腐熟产生灼烧。而市场上的很多肥料都需要严格按照用量标准投放，不然会出现烧根的情况，酢浆草烧根轻则黄叶疲软，重则烂苗死亡。掌握不好底肥用量用法，宁可少放甚至不放。

底肥选择上可以尝试复合肥，能给植物补充多种营养元素，在花盆填土 1/4 处少量撒几粒复合肥就能有效推动生长进程。除了复合肥，还可以试试缓释肥或控释肥，优点是其肥效持久，施用安全性高，能防止肥害的发生，可以在配土时直接搅拌入土壤内使用，简单方便。

（二）追肥

追肥，其主要目的是为了保证酢浆草生长期、开花期和繁殖期不同的养分需求。一般底肥的肥效大约能持续 3~4 个月左右，基础肥力足够持久的情况下，生长期几乎不用追肥。这就和养小孩一样，健康的宝宝不需要再额外吸收养分，过度进补反而会导致肥胖、发育过早等问题，与之相反孩子在发育期如果营养不良就会表现出骨骼不够健壮，面黄肌瘦等症状。同样的道理，在酢浆草生长期如果出现因土壤肥力不足、种植温度不够、浇水频率没跟上等各种情况造成的僵苗现象时，就必须通过追肥的手段来调控植物成长所需的营养。

生长期阶段最需要补充的是氮肥，对植物来说，氮元素是其体内蛋白质、叶绿素和氨基酸的重要组成，所以植株的健壮，叶片的茂盛都能靠补充氮肥来达到目的。尿素是氮肥中最具代表性的，适用于所有作物，不会在土壤里残留有害物质，但它是高浓度氮肥，作用于酢浆草时，需要注意施肥的原则是"薄肥勤施"，可以用小勺控制施肥用量。一次性过量施用，会产生烧苗导致植株死亡，得不偿失。必须按照用量标准严格执行，分多次慢慢补充氮元素，促进酢浆草在生长期健康发育成长。氮肥在酢浆草生长阶段发挥着主要作用，但是在开花期和繁殖期不能过度依赖氮元素，氮肥过量会让叶片过于繁茂，遮挡花苞采光，进而出现花苞干瘪的情况；也会发生通风不够造成植株霉烂的问题；更严重的还会让腋芽不断生长，养分只供给地面部分，反而影响地下球根的繁殖，妨碍生殖器官的正常发育，使球根个头变小产量降低甚至直接绝收。

酢浆草开花期主要依靠的就是磷肥，被植物吸收入体内的磷是细胞的组成部分，能够促进植物细胞的生长、增殖和发育，增加产量，增强抵抗力，能为光合作用传递能量，提高植物生长速度，促使早熟开花，是非常重要的肥力保证。酢浆草开花期大致还能

●用小勺控制施肥用量

分为三个阶段，花芽分化期、孕蕾期和盛花期。磷在花芽分化期能够促进植物从营养生长向生殖生长的转化细胞更活跃，从而孕育更多的花苞；在孕蕾期磷能帮助酢浆草的花苞更坚实，防止花蕾干瘪脱落打不开；盛花期间磷元素可以使花朵更壮硕，色泽更鲜艳，花型发育更饱满，也能促使花粉成熟提高杂交结种率。像秋植酢浆草中的早花品种系列一种下去两三周内就能开花，一两个月内就会进入盛花期，它们除了因为球根本身贮藏的养分可以提供开花所要消耗的营养之外，还需凭借土壤内的磷元素。骨粉作为磷肥的代表，不溶于水，在土壤中化解比较慢，被植物利用的速率不高，所以骨粉当作磷肥一般可以直接施用

●爆盆

在基肥中。也更利于早花品种的酢浆草无须追肥，就能花开艳丽，也更进一步说明底肥基础打得好，才能成为酢浆草盛花的重要推手。由于秋植酢浆草的生长周期非常短暂，磷元素作为追肥使用时一般可与生长期氮元素同时进行，当然磷肥只是开花爆盆的助推器，植物本身不缺磷肥的情况，追加磷肥的效果并不明显。

当酢浆草进入繁殖期，钾肥的作用就明显增强。钾元素在植物的生长过程中，能够促进光合作用，有利于蛋白质的合成，加强植物细胞壁强化抗逆性，改善品质提高产量。尤其是钾元素对于地下球根植物有明显的加持增强效果，会让球根更丰满，繁殖数量更多。这和钾肥对于马铃薯等植物的效果是一样的，钾是多种酶的活化剂，能使植物生育后的生长素、赤霉素、叶绿素等大大提高。因此对于酢浆草来说，在繁殖期就需要增加钾肥的投放。四季酢浆草的地下块根和鳞茎一般在春秋季节繁殖速率最高，可以在植物孕蕾初期的早春2月至3月以及夏季高温渐渐褪去的8月至9月适量追肥，让钾元素更好的作用于地下贮藏器官，能收获质量高且数量惊人的块根和鳞茎。大约在1月至5月秋植酢浆草品种埋在地下的球根会出现分裂、膨大、新生等繁殖方式，钾肥的追肥可以在12月就提前开始，一直持续到地面部分进入休眠初期的断水阶段。秋植酢浆草中的晚花品种花期在冬季和初春，繁殖期和花期属于同时进行，所以钾元素可以与磷元素一并施用。再次强调要薄肥勤施，不要过量施用钾肥，会破坏植物的生产能力。

虽然氮、钾、磷肥在植物各个生长周期都有主次之分，但是三种元素对植物成长全过程都起到了不可或缺的作用，所以种植的根本要做好，一开始配置土壤和施用底肥就是最重要的一个步骤。如果对氮、磷、钾肥在各阶段的追肥掌握不好，也可以采用通用肥。其最大的好处就是可以一种肥料从头用到尾，一般通用肥包含了三种基础元素，部分品牌肥料还会添加其他微量元素，比如：钙、镁、锌、铁、硫等。直接用科学的手段在客观上帮助花友做到了最基本的配方。通用肥在氮、磷、钾肥成分上，一般采取的是相较接近的百分比比例，但是接近不等于是完全相同，所以在施用过程中还是需要自己掌控好施肥时间和用量。

对于酢浆草的种植过程，颗粒肥适合当底肥，水溶性肥更适宜拿来追肥。生长后期植株茂盛，花开似锦，此时，依赖填埋和播撒方式的颗粒肥就不太容易施用。所以能更好溶于水的水溶性肥料，能在浇花的时候完成施肥过程，一举两得，让植物健康成长，更显生机勃勃。

（三）有机肥

有机肥，其内含丰富的有益物质，包括氮、磷、钾肥在内的各种营养成分，能够增加土壤内的有机质，为土壤增添新的活性，还能提高化肥的使用效率，更好地提供给植物丰富的养分。比如前面提到过的蚯蚓粪就是最好的有机肥，还有常见的鸡粪肥、羊粪肥、腐叶土、豆饼肥、秸秆堆肥、厨余沤肥等各种有机肥料。养殖酢浆草时，可以把这类有机肥当作基肥使用，有机肥做底肥能更好地改善土壤。需要注意的是自己沤制的肥料必须经过充分的腐熟过程，不然会产生过量的热度导致炽烧植物根部。另一个问题是未腐熟的肥料气味比较重，非常招虫，酢浆草叶嫩花娇，含有大量的汁水，遭受害虫侵害会导致植株病弱甚至死亡在使用有机肥时，需要确保它的无害化，降低有机污染和生物污染对酢浆草种植产生的危害。

五、温度

酢浆草对温度尤其敏感。这主要体现在三个方面。

（一）开花温度

大多数植物到了花期会自然打开花苞，直至花落。酢浆草的花蕾会在开花阶段多次的打开、闭合、再打开，这个不断开合的过程直至花消陨落，单朵花的花期在 3~10 天左右，而影响花开的原因除了之前提过的光照之外，最大的干扰因素是温度。

通常情况，酢浆草的开花温度在 15 ℃ 以上。冬季华东地区户外养殖的酢浆草经常会遇到明明是晴空万里，酢花却瑟缩着花苞不愿打开的问题，这主要是气温过低，达不到开花条件，花蕾感觉不到温暖，只能蜷曲着花瓣包裹自己。这时候北方供暖地区就没有类似的问题，在室内接受暖气的抚慰，哪怕室外飘着鹅毛大雪，照样能展露最迷人的花开。因此华东地区的花友也能参照这样的方式，通过加温人工催花，在户外温度偏低的情况下，把顶着满头花苞的酢浆草挪入室内，打开空调、浴霸、取暖器，当酢浆草感受到身处温暖适宜的环境时，就会慢慢舒展花瓣娇艳绽放。人工手段催花需要注意的是，必须及时补光，长时间待在缺乏光照的室内，植株一定会徒长，人工加温可以促使花朵开放，但是室内缺光的环境有碍于酢浆草株型的生长。

虽然酢浆草开花需要温度的"加持"，但是温度过强时，花瓣又会出现外翻的问题。这种情况一般出现在初秋，夏末的热浪尚未完全褪去，气温时常在 30 ℃ 左右徘徊，秋植早花品种的酢浆草往往受到高温强光影响，花瓣向下卷起翻拢，看起来不美观，非常影响观赏性。春回大地的时节，温度不稳定，有时候温度能达到 30 ℃ 左右，同样会出现这类花朵开过头的情况。

●人工加温

●花瓣外翻的酢浆草

（二）播种温度

春植酢浆草对播种温度要求不严格，只要在春季完成播种即可，哪怕略微延迟至初夏或者稍微提前到冬末，都能顺利地生长发育，这是因为在2~6月期间大自然的温度整体走向比较适宜植物的成长，气温的抑制因素较低。四季酢浆草一般春秋两季均能完成繁殖，对气温的敏感性也比较低，地下贮藏器官能很好地为植株提供养分，因而对气温升降具有一定的抗力。只有秋植球茎酢浆草对播种温度有一定的要求。

● 酢浆草的球茎

秋植酢浆草不耐高温，夏季本身具有休眠属性，因此大多数球茎在高温持续的气候条件里不会发芽，不适宜播种。随着秋天的来临，秋植酢浆草才会迎来播种的合适温度，一般在 15~30 ℃ 左右均能栽培，也就是 8 月至 11 月期间，但这也会根据地区气温差异而产生不同的栽培方式，北方秋季来临的较早，气候在 7 月末就开始偏凉，所以酢球能很快适应当地气温茁壮生长。珠江三角洲地区到了 11 月末气温还能保持温暖如春，因此酢球稍微偏晚一些栽培亦能健康长大。需要注意的是气温过低会对酢浆草播种后的发芽发育产生抑制，华东地区秋播埋球尽量安排在 10 月底前完成，拖延到 11 月入土的酢球，由于小苗破土发芽后的生长气温已经开始下降至 15 ℃ 以下，植株会出现发育缓慢、营养不良、僵而不长的情况。拖延到 12 月以后埋球的酢浆草，错过了最佳播种温度，甚至会出现直接冬眠不发芽的问题，这类酢球大多数在来年会因为失去生命力而消亡，也有小部分第二年秋播季会继续发芽，但是由于球体内养分随着时间而消耗，因此长成的植株会弱小无力。

（三）休眠温度

● 地上部分枯萎的秋植酢浆草

秋植酢浆草的夏季休眠和品种、温度、浇水、光照、环境、养殖手法，都有一定的关系。其中温度是最主要的外在因素，春末夏初，植株体内的叶绿素已完成光合作用的供给，地下球根繁殖也已结束，陆续会出现地面部分枯萎的情况，此时的户外温度一般已在 25 ℃ 左右，北方花友由于长时间在室内供暖环境中栽培酢浆草，所以温度加速了植物的发育、生长、孕蕾、开花、繁殖过程，总体休眠期比南方地区要早一个月左右，最快 3 月部分品种就开始出现叶片枯黄、植株萎靡的休眠征兆。同样的华南地区的花友也会因为提早进入气温回升的气候条件，比华东地区的小伙伴们要早一步迎来酢浆草的休眠。除去南北两个极端的天气和环境，国内大部分地区在 4 月至 6 月开始进入休眠收球期，当温度攀升到 30 ℃ 左右，秋植酢浆草植株全部枯萎。

六、种植方式

其他植物一般在入土播种后，才会慢慢发芽。秋植酢浆草大多数品种有个非常可爱的特性，结束夏季休眠期，它们会逐渐苏醒，随着气温的降低，秋播季的到来，酢浆草种球会在无土栽培的干燥环境里开始发芽，伸出一根细长的茎或者根，一旦出现这样明显的特征就是在提醒养花人，它们睡醒了需要入土接受土壤和水分的滋养，这个过程被称为"醒球"。

● 已"醒球"的球茎

秋植酢浆草醒球后，需要根据当地的气象条件判断是否立刻入土，醒球只是能否种植的一个标识，真正种植还需要根据具体的天气情况进行调控，因为部分调皮的种球会在全年最炎热的六、七月就苏醒，完全没有进入休眠期该有的正常睡眠时间。针对这些早醒的品种，夏季整体气温不会超过 40 ℃，基本维持在 35 ℃ 以下的北方地区以及部分中部地区，可以直接进行播种，这些相对凉爽的地区在播种后不会影响到酢球的正常发育成长，并能更早一步进入开花结种。高温炎热的地区，哪怕酢浆草在六、七月已然醒球，也请谨慎选择是否立刻入土播种。这并没有 100% 的标准答案，均有利弊，播种与否取决于养花人后期的养护环境和养护手法。

　　华东地区我个人建议是推迟到高温褪去后，气温在 30 ℃ 左右再进行秋播，一来是防暴晒和充足光照的平衡点很难把握，稍有失手，要么前功尽弃导致植株死亡，要么徒长到株型很难控制。二来华东地区天气过于炎热，夏季持续高温 40 ℃ 的热浪会对人体造成很严重的负面影响，种花还是延迟到秋天进行更有利于身心健康。

　　酢浆草的种球由于有提前醒球的属性，所以播种的时候和其他球根相比存在着很大区别。大多数酢球可以从体型分辨出芽和根，种球尖头一面是芽点，圆头一面是根部，醒球时，多数情况是尖头先冒芽。

●在土面戳出合适的洞　　　　　　　　●芽点向上种植

一般这类能够清晰区分芽和根的酢球类型，在埋球时先把花盆填土至合适位置，然后在土面上戳出坑洞，把酢球扔入坑内芽点向上，覆土填埋。经过水土滋润，芽点很快就能长出新叶。

另外也有分不清芽和根的酢球品种，以晚花品种的 *obtusa* 系列为例，种球两头一样是尖尖的，没醒球的情况下用肉眼无法分辨。醒球的 *obtusa* 系列通常情况下均是先冒芽，较粗较长的一面就是嫩白细芽，另一头窜出的就是根了。但也有例外情况，当分不清芽和根的情况下，建议埋球时把种球横躺，用土覆盖，一般覆土厚度以土壤刚刚盖住种球适宜，略微掩土 1~5 mm 即可。酢球的根部自然而然地会扎入土内吸收养分供给地面的植株生长，而芽点部分随着光照的抚慰，会慢慢破土而出。

● 种球横躺种植 　　　　　　● 新芽

虽然一般情况下横躺埋入的酢球能自己辨别方向芽点向上，根部向下。但是偶尔也会出现不带导航系统喜欢迷路的另类种球。入土后芽点不愿破土而出，在土里九曲十八弯，运气好的最后会碰到花盆壁，不得不拐弯向上摸到正确的打开方式，来回绕好几圈终于钻出土面，不过此时芽点钻出来的位置已经离最初埋球的位置"十万八千里"。运气不好的，那就很可能会发生酢球的芽点从盆底冒出来的尴尬画面。

以"芙蓉"系列为主，这类容易迷路的酢球在种植时，最好采取浅埋法，醒球填埋入土时，把已经发芽的芽点露出土面 1mm，免去了它们自己找路的过程，通过人为干预的方式固定住它生长的方向。另一种纠正迷路的方法是重新挖出来二次种植，这种方式适用于入土三周至一个月尚未发芽的酢球，可以挖开当初填埋的位置，寻找到酢球，重新挖出来，调整迷路的芽点方向，再次掩埋填土。需要注意的是酢球迷路在土壤内，它的嫩芽往往已经延伸了很长一段，甚至舒展了分枝，深深扎在土里，在挖出来的时候尽量要控制力道不要弄断芽点，完整的取出整棵迷路的酢球，二次填埋时，把过长的芽轻轻盘绕进土里，在土面上留出 1mm，可以防止二次迷路。

●芽点露出土面 1mm

●白重瓣芙蓉酢

每个品种掩土填埋时，土壤用量也会根据品种有所调整，土层高度离盆口的距离因品种不同而不同，这是由各类酢浆草的株型决定的。

有些酢浆草生长形态直接贴合地面，株型几近零高度，茎叶特别短，以莲花状辐射生长紧贴土层，比如 *Oxalis purpurea* 'Ruffles'（白重瓣芙蓉酢），这是重瓣的一款芙蓉系列酢浆草，这种类型的酢浆草在种植时，

●土壤尽量填满整个花盆

土壤尽量填满整个花盆，促使发芽后的酢能略微高出花盆口，便于养花人欣赏观察。贴地型的酢浆草如果种植过低，整个植株就会凹进花盆内，枝叶得不到舒展，影响美观的同时，也局限了它的生长繁殖。

另一类恰恰相反，茎特别长，花盆填土时需要预留出足够让茎叶枝干生长的空间。这类形态纤长的酢浆草如果种植过高，离盆口太近，整个植株就会出现倒伏，没有花盆壁的支撑约束，变成垂吊耷拉的形态，比如 *Oxalis ciliaris* 'Sky Blue'（'天蓝'纤毛酢浆草），花瓣带着螺旋感，非常别致。由于我最初并不了解它的株型，填土的时候用土量过多，埋球高

● '天蓝'纤毛酢浆草

度离盆口太近，没有预留足够的茎秆生长空间，造成整棵植株的顶端生长点悬挂在花盆外影响观感。所以不管选择哪一款品种，种植前，都需要大致了解一下植物本身的特性，就像五根手指各有长短，酢浆草不同品种也有不一样的植株形态，根据植株特性选择正确的栽培方式才能避免出现比较尴尬的造型。

● 填土时预留一定的空间

● 埋球高度离盆口太近的情况

七、花盆的选择

　　酢浆草在花盆选择上要求很低，市面上所有的盆子统统可以拿来栽培酢浆草。不管是木盆、石盆、塑料盆、还是瓦盆、瓷盆、红陶盆，只要尺寸合适均能种植。这也是酢浆草属性皮实，容易养护，广泛适应各类环境的关系。

　　除了块根酢浆草的体型，其他大多数酢浆草体型都较小，在选择花盆时需根据酢浆草不同品种和球根自身的大小搭配合理的尺寸。小球根型酢浆草株型本就不高，有很多直接贴地生长，较高的也仅 20 cm 左右。横向冠幅大致在 10 到 35 cm。它们的地下球根需要有充足的生长空间，要为新繁殖的球根预留更广阔的舒展位置。按照这样的标准考虑，栽培一颗酢浆草种球花盆的口径可以控制在 8 至 20 cm，高度尽量要在 10 cm 以上。依据这个尺度选择的花盆，可以是很精致小巧的，不管是摆放在飘窗，还是阳台，点缀在露台，还是花园，都能成为吸引眼球的亮点。

　　另外需要考虑的就是收集了酢浆草上百个品种的花友，因为每个花色都割舍不下，只好都纳入自己的种植目录，成了收集癖和品种控。由于种植的品种过于繁多，花盆不统一就会看起来杂乱无章，所以大多数花友选择了一款口径在 11.5 cm，盆高 12.5 cm，用土量在 800ml 的盆子种植酢浆草。因为适用大多数酢浆草的种球，也是被应用最广泛的盆子，所以这批花盆也逐渐被默认为"酢盆"。酢盆采用塑料抗老化材质，多种颜色可选，方形开口，底部为圆形，透水孔设计科学，利于排水，不容易积水。

● 酢盆

● 周转箱

作为品种控，每年栽培上百盆酢，挪动花盆浇水、通风、晒太阳的时候就会特别不方便，而这类花盆最大的优点是便于归纳，我根据盆子尺寸以及方形盆口设计的特点，寻找到一款周转箱，长 60 cm，宽 40.5 cm，高 10 cm，好像量身定做一般，每个筐子正好收纳 15 个花盆。这样的组合不管是搬运还是拖拽，都比一个小盆一个小盆挪动方便很多。大面积摆放在一起时，也看起来更干净、整洁。后期花开爆盆，花球变大，可以相应减少每一筐收纳的花盆数量，确保花球间不会互相"打架"。

八、爆盆秘籍

既然提到了密植，就来详细谈一下酢浆草的爆盆秘籍，密植绝对是爆盆的最佳方式。一颗种球开不出完美的盛花怎么办，可以多种几颗，用更多的植株来撑起一个花球。这种方式适用于所有品种的酢，尤其是花型较小，单株花量不大的品种。

比如 *Oxalis minuta*（微型酢浆草），2013 年、2014 年、2015 年我均采用酢盆栽培了一粒种球，种球饱满壮硕，土壤肥沃给力，阳光温暖充足，可是结果只零星开出了几朵小花。

● 微型酢浆草

非常不起眼，这样的花量很让人气馁失望，连续三年的挑战都以三两朵小花的结尾收场，几近以为这个品种是种不出爆盆的效果，想要放弃淘汰，可又带着不甘心，我带着倔强不放弃的理念在 2016 年秋播季继续挑战，微型酢的种球有非常明显的大小差异，最大的球有近 2 cm 直径，较小的球仅仅 2mm 左右，差不多有十倍的差距。

● 大小不一的种球

　　2016 年的栽培，我从 11.5 cm 口径的酢盆直接换成了口径 15 cm，盆高 12 cm 的花盆，一次埋入 13 球，选取的都是开花力道足的硕大种球，结束夏季休眠的球随着气温的下降纷纷露出"小白腿"，迫不及待地发芽了，秋播季来临，10 月初采用自制蚯蚓土添加复合肥做底肥，拌入珍珠岩增加土壤透气性，把球均匀分布在花盆内，填土掩埋。一个月时间叶片就逐渐铺满花盆，2016 年 12 月，华东地区终于迎来了明媚的光照，结束了持久的阴霾，微型酢的花苞渐渐开出粉色娇嫩的小花。有了光照加持，12 月中旬微型酢迎来了爆盆花开，朝气蓬勃的小花展露着灿烂的容颜。

● 2016 年 10 月　　　　● 2016 年 11 月

● 2016 年 12 月初　　　● 2016 年 12 月中

　　终于把这个品种种出了理想的状态，也因为这次爆盆，能够清楚地看出，满盆总共 50 多枝花，平均到最初埋入土的 13 球，每球也仅开了 3~4 朵花左右。这个品种本身的特性就是花量不大，想要完成精彩绝伦的种植效果，除了选取体型较大且健康的球根、打底基肥充足，最重要的还是密植带来的红利，单一球体完不成的，就把点滴汇成河流，团结力量大，最终还是能种出漂亮的花球。

九、酢浆草的繁殖

　　酢浆草的品种具有多样性，它的繁殖器官有各种形态，有像土豆一样呈现圆形、椭圆形的块根；也有像草包一样裹着"蓑衣"的球茎；更有披着"鳞片"像虫子一样的鳞茎。酢浆草的繁殖方式一般分为球茎繁殖、块根繁殖、鳞茎繁殖、扦插繁殖和种子播种。其中球茎、块根和鳞茎是最主要的繁殖方式，第五章会作详细的讲解。

（一）球茎繁殖

球茎繁殖是一种无性繁殖的方式，繁殖容易且繁殖的植株性状较稳定。

到了适宜播种的季节，选择健康壮硕的球茎埋入土层，给予合理的管理养护，随着酢浆草地面植株的自然成长，地下部分也慢慢跟着发育成熟，根系会通过土壤的养分提供给新繁衍的球茎。酢浆草繁殖出的新球茎来年依然能开出灿烂爆盆的花朵，不需要经过春化等手段，是非常优良的园艺品种。

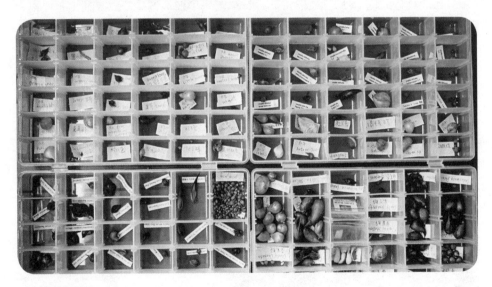

● 各种各样的球茎

（二）块根繁殖

地下块根形态很像生姜，颜色呈黑褐色，根茎肉质肥厚，外皮覆有一层类似鱼鳞状的纹路，它的繁殖主要靠块根的切割剥离产生新苗。

块根繁殖的酢浆草一般属于四季酢浆草，在华中、华北等地区夏季依旧枝叶茂盛，四季花开。但在华东、华南、西南等地区夏季高温炎热，会出现地面部分半休眠甚至全休眠的状态，可以适当遮蔽强光，延长块根酢浆草的夏季开花时间。盆栽的养护也需要适量减少浇水，防止高温高湿出现霉烂，但不能断水，有别于球茎酢浆草，块根没有坚硬的外皮锁水保护，夏季断水会使地下贮藏器官因缺水死亡。等到秋季降温后，块根酢浆草很快就会恢复旺盛生长，重新焕发活力。

● 块根

（三）鳞茎繁殖

● 鳞茎

　　酢浆草的鳞茎抗热能力比球茎、块根更优越，夏季高温养护得当不会进入休眠，高温情况下需要适当遮蔽暴晒，养殖在大型木本的树冠下，会花开不断，花叶皆美。地下鳞茎如虫子一样呈长条状，身披鱼鳞状鳞片，鳞片纹路清晰鲜明，芽点在鳞茎的顶端或者鳞茎和鳞茎相连的节点中间生长，翻盆繁殖可以把叶片修剪掉，挖出地下鳞茎，种植的时候把鳞茎横着摆放即可。

　　扦插繁殖在酢浆草中运用不算频繁，因为大多数酢浆草的茎蔓枝干都偏软，不适合扦插，但并不是说酢浆草不能扦插繁殖，枝干硬挺有一定韧性的酢浆草品种均能运用该项技术进行繁殖，但是扦插繁殖对气温、湿度、土壤要求较高，繁殖的效率极低，成活率也不能保证，远不如球茎、块根、鳞茎的繁殖稳定速度快。

　　酢浆草的扦插繁殖中最有代表性的是 *Oxalis spiralis* subsp. Vulcanicola（硫化酢浆草），硫化酢原产南美，最早发现于哥斯达黎加火山上。硫化酢浆草中最负盛名的品种是引自美国的 *Oxalis* ‘Sunset Velvet’（熔岩酢），熔岩酢叶片如天鹅绒一般厚实有肉感色泽也鲜艳夺目，会随着气温的变化呈现耀眼的红色，因而被国内花友称为“小红枫酢浆草”。另一个硫化酢浆草品种因为叶片是红黑色的，接近于猪肝色，所以花友叫它“小黑枫酢浆草”，两款硫化酢浆草均开的是黄色小花。

●小红枫酢浆草　　　　　　　　　　●小黑枫酢浆草

　　熔岩酢是扦插繁殖的酢浆草中最受花友热捧和欢迎的品种，它的黄色小花并不惊艳，甚至有点平凡无奇，但是叶片的色彩会随着温度的升降呈现出不同颜色的变化。嫩绿色、姜黄色、艳红色，色彩层次的递进展现着多姿的美。

秋天伊始，刚刚结束夏季炙烤的熔岩经过秋风的吹拂，泛起了淡淡的新绿，这是从炎热里度劫成功，再次焕发出了新的生命力，此时有着非常适合酢浆草生长的温度条件，可以适当追加氮肥，促进新叶的生长，也需要加强光照，让株型更显丰腴饱满。

●初秋

●深秋

随着深秋的来临，温度逐渐下降，10 ℃左右的温度，虽然会让熔岩酢慢慢放缓生长的速度，但是在叶片的色彩上有了明显的跃进变化，嫩绿色的青翠上晕染了姜黄色的斑斓，更典雅芳华，展现了文艺的腔调，娇丽的黄色系叶片大约能持续一至两个月。

●隆冬

当隆冬季节伴随着萧瑟的寒风缓步而来时，熔岩酢终于褪去温婉的姜黄色换上了热烈的艳红色，红色的叶片如火般热情奔放，温暖着严冬的冷冽刺骨。这样的红通常出现在温度低于 5 ℃的时候，能整整维持一整个冬季，直至开春温度渐渐回升。这和多肉植物在冬季里色彩会更艳丽是一样的，在保证不冻坏的前提下，给予熔岩酢足够的光照和适当的低温环境，叶片的色彩就会随之回馈给养花人更动人心魄的绚烂。

熔岩酢整个变化也如同木本植物中的枫树，叶绿素受到温度和光照的影响，从青枝绿叶到青黄不接再进入红叶似火，难怪会被花友冠以"小红枫"的美名。

硫化酢浆草有别于其他品种酢浆草的就是它没有地下球茎、块根和鳞茎。主要依靠扦插繁殖，喜欢松软透气的栽培介质，它的叶片、茎秆有着近似于多

●新生的根系

肉植物的肉质茎叶，所以可以参考多肉的养殖方式，增加配土的颗粒，加强土壤透气性。硫化酢的最佳生长温度在 10~35 ℃ 左右，低于 10 ℃，生长速度会放缓，总体比较耐寒，但是当温度低于零下 4 ℃ 会出现冻伤甚至死亡，做好防冻工作长江以南地区可室外过冬；北方冬天需挪入室内。硫化酢非常怕热，夏季高于 35 ℃，很容易死亡，所以需要进行遮阳处理，尽量安放在避开高温暴晒的阴凉位置，减少浇水，注意高温高湿下的防霉工作。

扦插繁殖一般在春秋两季，选取了健康壮硕的插穗，用加入绿沸石等颗粒的泥炭土扦插，扦插时气温最好在 15 ~20 ℃ 左右，需要注意土壤保湿，大约十天，拔出扦插苗就能看到新生的根系。等到扦插苗根系稳固枝叶繁茂后就可以定植了。

（五）种子播种

绝大多数酢浆草均能采取种子播种，不过由于大多数园艺品种酢浆草的雄蕊和雌蕊存在高低差异，分布并不在同一水平线，花粉很难通过花柱进入子房通道，所以自花授粉的几率极低。养在户外的酢浆草有微风和昆虫的帮助尚有自然授粉的可能性，但养在室内的没有人为干预，几乎无法做到自花授粉。可以通过人工授粉，授粉成功后，等到花落子房会自然膨大形成种荚。因为酢浆草的种子包裹在假种皮内，它的假种皮非常出名，由泡状细胞组成，会在种荚成熟开裂时助推种子弹跳喷射到较远的距离。所以为了更方便的采收种了，可以在种荚成熟前套上自封袋，防止种子蹦跳到找不到的地方，需要注意适当给自封袋通风，防止霉变。

●自封袋

●成熟的种子

　　酢浆草的播种根据品种不同，种子类型不同，种植季节也有不同。春植酢浆草和四季酢浆草的种子属于现采现播型，种子呈细圆小颗粒，种荚成熟后，直接撒播在土面上，保持土壤湿润度，很快就会发芽生长。秋植酢浆草由于品种多样化，种子类型也有很大的不同，以晚花品种 *obtusa* 系列为主的酢浆草种子也是细圆小颗粒状，由于花期在深冬和早春，种荚的成熟基本在 3 至 4 月左右，此时气温已逐渐升高，酢浆草本身不耐高温，所以种子采收后需储藏在阴凉环境里，等待夏季过去，温度下降后的秋季进行播种育苗。

　　而很多早花品种中的酢浆草，属于顽拗性种子，种子成熟时具有很高的含水量，采收后不久就会自动进入萌芽状态。所以这类酢浆草种子不耐长久保存，尽量做到现采现播，如 hirta 长发系列的种子，采收后立刻播种，需要注意的是播种介质必须保湿。顽拗性种子不耐失水，一旦脱水会影响萌发的过程，导致种子的生命力丧失。播种第 4~5 天就能长出根系，2~15 天左右就会展开嫩叶。

● 顽拗性种子

● 播种

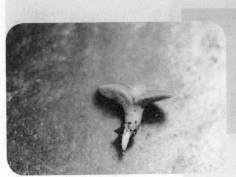

● 根系　　　　　　　　　　　　　● 嫩叶

酢浆草播种的当季很少会有开花植株的形成，主要是培育地下球根，不过第一个生长期繁殖的球根也往往偏小。所以种播的第二个生长周期才是主要的选育过程，确定花色，培育更多的种球。

酢浆草种子播种还会涉及非常专业的生物杂交学科内容，我的知识面尚不足以从深层次阐述关于杂交的技术问题，只能大概描述杂交过程。国内有几位顶级资深玩家已走在前端，专门研究酢浆草的杂交，丰富了国内园艺市场上的酢浆草新品种，由他们提供完成的杂交酢浆草色彩和品相均是标新立异，成了酢浆草玩家们的新追求。甚至部分品种已走出国门，被国外园艺玩家竞相追捧。

人工授粉前，选定合适的近缘品种为杂交的父本和母本。摘取父本品种当天开放的花朵，可以提高授粉成功率，然后把父本的花粉刷在母本的雌蕊上。做好杂交记录，包括杂交时间、父本品种名、母本品种名。等到种荚发育成熟后套上自封袋收种育苗。

● 父本　　　　　　　　　　　　　● 母本

第四章

守护酢浆草

酢浆草在茁壮成长，有时候会突然遭受一些外部环境带来的伤害，要学会一些养护技巧与应对方法来好好守护它。

一、虫害

酢浆草枝叶和花朵都异常娇嫩，所以感染病虫害的概率很大。尤其是春季，容易形成虫害爆发式感染，气温在 15~30℃ 期间，除了酢浆草本身正值生长周期，也是万物复苏的理想气候条件。

（一）蚜虫

春天，酢浆草非常容易遭受蚜虫的侵害，它们是植食性昆虫，不仅会传播病菌，还以吸食叶片、茎秆、花苞、花瓣、嫩芽和地下新生球根的汁液为生，对酢浆草形成直接危害。

● 蚜虫

蚜虫具有奇特且复杂的生殖适应，它们的繁殖能力很强，温度适宜的春天雌性蚜虫可以不依靠雄性单独完成怀孕生殖，在温度较低的早春，孤雌繁殖一代需要 10 天左右，但是随着气温的逐渐升高，生育速度大约只需 4~5 天，这个生殖循环过程会一直延续到秋天，在秋季蚜虫完成两性交配产下受精卵过冬。正是因为蚜虫的繁殖速度和繁殖能力惊人，因此酢浆草在春季一旦感染蚜虫，稍不留意就能让它们产下数以亿计的后代，娇嫩的植株会被蚜虫群攻摧残。得幸的是秋植酢浆草品种夏季会进入休眠期，地面植株部分全部枯萎，这种没有食物来源的自然生态条件会迫使蚜虫不得不转移阵地或者直接导致其死亡。

蚜虫不耐低温，春季的倒春寒会使刚孵化的蚜虫面临死亡，它们也有天敌，瓢虫、食蚜蝇和草蛉等昆虫都会捕食蚜虫。蚜虫也有协作伙伴，蚂蚁会饲养蚜虫，秋天蚂蚁会把蚜虫卵藏入地下，防止它们冻死，春天会帮助蚜虫搬家，提供给它们更好的取食环境，而蚜虫会分泌含有糖分的蜜露，蚂蚁非常喜欢食用，所以战斗力不弱的蚂蚁会为蚜虫抵挡天敌。因此在露养环境中的酢浆草一旦爆发蚜虫，就可能会招来喜欢甜食的蚂蚁大军。

防治：

栽培酢浆草，春季最主要防治的就是蚜虫，看到蚜虫爆发的情况，必须及时采取定期喷洒药物灭虫，吡虫啉、溴氰菊酯等药物均对保护植株起到了优良的作用。施药时做好自身保护措施，戴上口罩手套等防止药物对人体产生危害。家里有小朋友的，也能采用人工防治法，冬季清理枯枝残叶，减少越冬蚜虫卵，春季保持经常观察植物状态的良好习惯，做到及早发现蚜虫，发现后，可用清水清洗叶片，冲刷停留在叶片上的蚜虫。也可以直接用手捏死蚜虫，蚜虫不咬人，但是捏爆蚜虫的过程，会沾染上它们分泌的带有黏性的蜜露，要及时洗手。

（二）红蜘蛛

红蜘蛛属于叶螨科害虫，红蜘蛛的受精卵和受精的雌虫会潜伏在浅土层及木本植物的枝干内越冬，到了春天，它们会直接以春季萌芽的春植酢嫩叶为食，随着酢浆草的生长延展蔓延至全株，待气温回暖，繁殖速度加快、危害加深，红蜘蛛继而感染迁移至其他植物。

高发季在夏天，此时秋植酢由于夏眠的关系反倒避开了红蜘蛛的破坏，但是它对春植酢和四季酢造成的影响甚大。红蜘蛛聚集停留在叶片背部吸食汁液，养花人会发现受害酢浆草叶片的正面出现黄白色斑点痕。

● 黄白色斑点痕

　　由于成螨会吐丝结网，可以看见受害植株表层覆有一层白色丝网，造成叶片的蜷曲，大量叶片互相粘连的情况。更严重的直接停滞生长，叶片脱落，叶绿素大量流失，无法进行光合作用，阻碍花叶正常发育生长，使花量减少，甚至导致全株枯萎死亡。

防治：

　　红蜘蛛个体较小不易察觉，喜欢高温干燥的生存环境，在夏季繁殖迅速。此时需要养花人定期观察植物的生长状况，如能及时发现红蜘蛛的侵害，只要摘除受到感染的少量叶片就能控制虫害。

　　一旦形成规模对酢浆草来说危害极大，建议用阿维菌素等药物喷洒防治，施药时尤其要针对叶片背面进行重点灭杀，没有感染的叶片也要均匀地喷药进行预防。喷药时请做好自身防范，尽量把植物拿到在室外环境操作。

对室外养殖酢浆草造成严重危害的还有蜗牛和蛞蝓。这两种同属于软体动物腹足纲生物，在生长繁殖、生物特征、活动习性、饮食习惯、天敌环境、危害防治等问题上有着比较类似的情况。

● 蜗牛

● 蛞蝓

蜗牛和蛞蝓均喜欢在阴暗潮湿且土壤疏松的环境中生存，畏惧强光照，属于昼伏夜出的生物习性，在春末夏初的阶段是它们最活跃的季节。温度在 15~30 ℃左右，湿度在 50% 以上，就会进入大量繁殖和发育的阶段，且生命力顽强。高温在 35 ℃ 以上又会减弱活动频率，直至秋季降温后继续残害植株。

根据蜗牛和蛞蝓的生活规律，夏季进入休眠的秋植酢浆草可以避过它们的联手攻击。但对于春植酢浆草和四季酢浆草来说，最大的危害是它们觅食广泛、食欲旺盛，酢浆草的根、茎、叶、花均能成为食物来源。在春季，蜗牛和蛞蝓会蚕食刚萌发的嫩芽，直接影响春植酢浆草和四季酢浆草的苗期生长，轻则造成叶片和茎秆的破损，重则生长点被啃噬，酢浆草僵苗，甚至无法顺利完成破土发育而引起成苗率下降的后果。待进入初夏黄梅天，气候湿润，温度适宜，真菌增多，蜗牛和蛞蝓随之大量繁衍和迅速成长，成年蜗牛和蛞蝓的进食速度快，食欲大，食谱会发展到酢浆草的地下球茎、块根和鳞茎，对植物的根基造成严重的迫害。

防治：

针对蜗牛和蛞蝓的灭杀工作相对来说比较简单，一般有三种方法。

第一，使用盐。民间一直有拿盐巴洒在蛞蝓身上导致其脱水而亡的说法，事实证明确实可行，但不能让过多的盐残留在土壤。

第二，使用四聚乙醛等药物。在害虫繁殖旺季，将四聚乙醛等药物施撒于酢浆草根系周围，见效比较快，用药一至两次即可控制蜗牛和蛞蝓的侵害。需要注意的是严格按照药品说明用量控制投放计量，化学药物除了对害虫有杀伤作用，也对土壤内同属于无脊椎动物的蚯蚓存在影响，蚯蚓在土壤生态环境中有修复、改善的重要作用，属于植物栽培的有利小帮手。

第三，人工捉捕。为了土壤环境的生态平衡，灭杀蜗牛和蛞蝓尽量采取更温和无害的清除法，根据它们晚上活动的生物习性，可以打手电筒人工捉捕清理夜间出来觅食的蜗牛和蛞蝓。

（四）蝴蝶和蛾子幼虫

蝴蝶和天蛾的种类繁多，分布广泛，每个地区受到的侵害程度、时间和情况各有不同。华东地区的重灾季节集中在秋天，主要遭受来自灰蝶科玄灰蝶幼虫的伤害，以及夜蛾科小地老虎的危害，两者都是杀手级别的害虫，会对四季酢浆草和秋植酢浆草造成非常严重的破坏力。

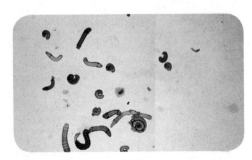

● 蝴蝶和蛾子幼虫

在华东地区，玄灰蝶大量出现在 9 至 10 月，比较挑食，对四季酢浆草可以说是不屑一顾，最喜欢袭击的是秋植酢浆草中叶片、茎秆水分含量较高的品种，这可能是因为四季酢浆草熬过高温的夏季，茎叶整体较老水分偏少，没有刚刚秋播萌芽的秋植酢浆草可口的关系。玄灰蝶产卵后孵化速度特别快，一

● 残缺的花

周时间就会出现大量幼虫，它们会以嫩叶、茎秆和花苞为食，把叶片、茎秆啃噬得斑斑点点，花苞直接变得不完整，开出来的花残缺不堪，导致植株外形丑陋、营养不良。幼虫颜色和酢浆草植株本身的颜色非常接近，潜伏在叶片下、茎秆上，虽然算不上很高明的隐身，但数量较大的情况下，很难彻底清理干净。

和玄灰蝶幼虫相似，小地老虎也是团伙作案，且危害更大，它们也被称为土蚕，幼虫食性很杂，华东地区爆发期在 9 至 11 月。刚孵化的幼虫日夜均在叶片背部和茎秆上啃噬植株，造成叶片出现孔洞，茎秆缺口倒伏，如若发现受害植株，需要及时喷药管控。当幼虫成长至 1.5 cm 左右时，白天会躲入地下，晚上出来觅食，随着发育成熟，破坏力加大，能够直接咬断幼苗，甚至取食刚埋入土内的秋播种球，且对药物的抗药性加大很难灭杀。

防治：

针对玄灰蝶幼虫和小地老虎的防治工作，需要定期观察植物，以便及时发现虫害，实行施药治理，苏云金杆菌等药物对鳞翅目的幼虫起到非常好的灭杀作用。另外也可以通过人工手摘的清理方式进行，尤其是小地老虎有着一定的躲避能力和夜间出行的特性，可以打上手电，在晚上寻找它们的行踪。

（五）小黑飞

秋冬春三季，对酢浆草来说，爆发最严重的虫害是小黑飞，学名叫尖眼菌蚊。大多数花友都和它打过交道，很难彻底清除，是养花人非常头疼的种类。

它们常常群聚活动，喜欢潮湿温暖的土壤环境，繁殖能力特别强，卵多数产在土层表面。幼虫喜欢取食土壤内的腐

● 小黑飞

殖质，也会残害植株的根茎，造成酢浆草土壤内的部分出现伤口从而感染病菌危害健康。最容易感染小黑飞的地方是土壤内的有机肥料，比如花友自己沤制的酵素、豆饼肥、鱼肠肥等，还有为了增加土壤肥力添加的羊粪肥、鸡粪肥、鸡蛋壳等，也同样包括蚯蚓土，蚓粪无味相对来说稍好一点，但这些有机肥料内均含丰富的有机质和有益菌，改善土壤的同时，也特别容易招来喜食菌丝的小黑飞。

防治：

尽量保持养殖环境的良好通风，在不通风的温热环境里小黑飞的爆发能力特别强。一般来说室外养殖比室内情况略好，室外空气流通，温度偏低，能稍微抑制小黑飞的发育成长然而也不是绝对，南方冬季户外温度比北方高，所以小黑飞在南方甚至能以成虫状态越冬。不过它们的成虫飞行能力偏弱，通过喷洒阿维菌素等药物能有效灭杀。药剂对卵作用不大，幼虫早期以土壤内真菌为食，后期啃噬植物根茎叶片，虽然由于个体太小危害甚微，但是爆发小黑飞的花盆内会留下一层如青苔般的

真菌，感染酢浆草植株，造成酢浆草发育不良，瘦小病弱，黄叶增多，球根繁殖受阻等各种问题。

除了采取药物防治之外，小黑飞还能通过物理手段进行预防和灭杀，在园艺上广泛被运用的粘虫板就是利用小黑飞喜欢黄色光波的习性达到控制群体数量的效果，也能采用蚊香驱赶的方式，对小黑飞也能起到很不错的功效。另外可以在酢浆草播种发芽后，在土层表面覆盖一层铺面石，隔绝土壤内腐殖质对小黑飞的吸引力。

（六）鼠害和鸟害

很多户外养殖酢浆草的花友，都会面对鼠害和鸟害的困扰。鼠害主要针对的是地下球茎、鳞茎和块根的破坏，鸟害主要针对的是地面植株、叶片、花卉的损伤。

这里说的鼠害包括老鼠和松鼠，在全国环境卫生不断提高的当下，老鼠的危害日益下降，然而在部分地区依旧会出现老鼠的身影，它们有敏锐的嗅觉、不低的智商、灵活的身手、挖洞的本能，能准确地找到种植在土壤里的酢浆草贮藏器官，并取之食用。甚至在夏季干燥储藏的休眠酢球，老鼠也能找出来啃食，它们不吃坚硬的种皮，只喜欢内含大量养分的白色球茎部分。且老鼠食量惊人，往往能对所有种球一网打尽，一旦发生鼠患，几乎是灭顶之灾。

鼠患的另一个物种是松鼠，虽然大多数地区不常见野生松鼠，但在杭州松鼠确实是城市标配，它们凭借超凡的跳跃能力，窜上露台、窗台格外容易。松鼠食性很杂，在秋冬季节大自然食物紧缺的情况下，会直接翻土觅食，由于翻土的动作过于暴力，经常会把酢浆草连根拔起，导致植株暴露在阳光下缺水而亡。

●松鼠

● 鸟类

　　另一刨坑挖苗的凶手就是鸟类，尤其是天寒时节飞往南方过冬的中型鸟雀，挖坑技能满点，常见的有乌鸫、红嘴蓝鹊、白头鹎等，它们主要是为了寻找并取食隐藏在土中的蛴螬、小地老虎、蚯蚓和蜗牛等虫类。但是挖坑的行为会直接导致酢浆草植株倒伏，把根系暴露在日光下，甚至部分食素的鸟类会有啄食酢浆草嫩叶、花朵的行为。

防治：

　　关于老鼠的防治工作，可以在老鼠经常出没的区域投放灭鼠药和捕鼠器。由于鸟类多数都是国家保护动物，涉及鸟害的防治只能采取预防手段，花友常用的防鸟棚、悬挂光盘、安放玩偶充当稻草人等手段均能有效地起到驱鸟作用。

二、霉烂

酢浆草霉烂问题一般出现在春季气温回暖的时节，由于霉菌的孢子具有轻、小、多、抗逆性强，传播能力广泛，繁殖性霸道等特征，所以酢浆草一旦感染霉菌，在温度适宜的春季会给酢浆草的养护带来巨大的挑战。

（一）植株霉烂

春植酢浆草和四季酢浆草对于霉菌的侵害，有相对的自我抵抗能力，这和植物本身耐热能力比较好有关系。而秋植酢浆草，本身适宜在秋、冬、春三季生长，秋季气候凉爽、冬季天气寒冷，这样的环境都不适合霉菌的繁殖，病菌会在枯

● 霉菌

叶、落花上依附越冬，次年这些在病残体上形成的孢囊就是酢浆草主要的侵害源。

待春暖大地，温度回升至 15 ℃ 以上，湿度加大，土壤含水量在 50% 左右，对霉菌来说就是最理想的生存繁殖条件，可是对娇嫩植株就是致命的打击。尤其在通风环境不理想的北方室内，闷热的养护环境容易促发病菌的快速发展。还有品种控的花友，花盆摆放盆挨着盆，致使空气不流通，霉菌爆发迅猛，会一下子从单一花盆感染到所有盆栽。另外某一个品种过度密植，小小花盆栽种了数颗种球，使枝叶特别茂盛，水汽蒸发不畅，也能让病菌找到快速繁衍的环境。还有一种情况是氮肥施用过量、叶片过多从而引发通风不畅，亦会发生霉菌爆发的问题。

秋植酢晚花品种在春季正值盛花期，一批花苞接着一批花苞地生长，花开花落频繁，残花的数量也急剧上升，又因为在夏眠前叶片会慢慢枯黄，给霉菌生长提供了最好的腐殖培育基质。当病菌感染上健康植株后，就会慢慢进入烂苗阶段。霉烂的酢浆草有时候从表面看依旧完整，而生长点的基部位置已经烂心，轻轻一

碰就会从土壤表层把整棵植株拔断，这是不可修复的创伤，此时地下种球尚未完成繁殖工作，地面植株已经切断，会导致酢浆草直接死亡，造成该品种的种球绝收。

防治：

为了防止出现严重的后果，下面介绍几种防治的方法。

第一，要控制浇水，坚持"潮而不湿"的原则，防止过多的水分为霉菌提供滋养繁殖的环境。

第二，看到枯枝残花及时清理，断绝为病菌提供腐殖的温床，落花后的酢浆草花梗不要用手去摘除，控制不好力道会直接连根拔断已经出现霉变的植株，可以用剪刀小心剪去多余残枝，避免人为加重植株的创伤。

第三，需要配合药物治理霉烂，多菌灵、百菌清等广谱性保护性杀菌药剂均能对霉烂起到很好的防治作用，可以兑水灌根，也能喷洒在叶片植株上，双管齐下。

第四，采取人工疏剪繁茂叶片的手段，帮助过于密植的酢浆草保持通风，达到提前预防霉变的目的。这种方式一般都是用在秋植晚花品种密植的 *Obtusa* 系列，以及氮肥施用过量造成叶片过于密集的情况，修剪可以沿着花盆的边缘，把超出盆子的叶片全部剪掉，只保留中间部分，既不会破坏原有株型，也能给茂盛的叶片创造出一定的通风条件。

第五，剃头式修剪，直接把已经枝繁叶茂的植株剃成光头。这种干净利落的手法需要注意的是尽量保留新生嫩叶，防止叶片剃光后叶绿素跟不上供给、影响植株的生长。

● 剃头

● 恢复生机

剃头法必须放在尚在 *Obtusa* 系酢浆草植株生长阶段的 12 月底至 2 月初。2 月起，*Obtusa* 系列的酢浆草即将迎来花期，叶片生长速度放缓，强行修剪会迫使酢浆草提前进入休眠期，这样不仅会缩短植物的生长周期，叶绿素不充分，光合作用减弱，花量受阻，更会影响地下球根的繁殖。一般这样剃头后，半个月至 20 天，叶片就会重新恢复满盆的状态，不会影响花苞的孕育，还保障植株的通风，完美的预防春季发生霉变的可能性。剃头另一个作用是可以有效地解决光照稀缺地区造成的叶片徒长问题，剃头后重新萌芽的新叶株型更矮更紧凑。

（二）球根霉烂

球根霉烂多数发生在秋播季，造成的原因是气温尚未回落，土壤黏性过重保水性太强，透气性不够，人为浇水过多，高温高湿的培育环境直接导致球根在土壤内发生霉变。出现这种情况，轻则影响新生幼苗，致使小苗发育不良，并且会招来小黑飞等食菌害虫的繁殖，变成恶性循环，重则死球烂苗，球根疲软无力，无法完成新苗破土，直接霉烂在土壤内。

春末夏初，秋植酢休眠前期，遇到和风细雨的养护环境，地面植株出现霉烂问题，也会进一步感染地下球根，导致新生球根产生霉变。大体上拥有坚硬外种皮的品种对霉菌有一定的抗性，而种皮薄软，含水分比较多的球根形态，非常容易遇到烂球情况。

防治：

针对秋播季节的球根霉变最有效的防治手段是改善土壤结构，控制浇水频率，防止高温暴晒。也可以通过药物灭菌，国内主要用到的是百菌清和多菌灵，两种药性相当，主要的区别是前者能在植物体表上有较好的黏着性，能够起到一层保护膜的作用，而后者对植物来说，吸收更好，可以吸入植物体内发挥药效，起到预防和保护作用。百菌清对植物体表的病菌杀伤力更强，多菌灵对体内产生的霉变效果更好。两款药物可以交替施用，均有低毒性，对人体有一定的危害，在施药时，请戴上防护措施，用完药也请及时洗手。

春末夏初，要及时治疗地面植株的霉烂问题，清理掉落在土壤表层的残花。枯枝残花堆积在土壤表层，极易给病菌提供繁殖环境，需要做好清除工作，防止病菌传播面积扩大继而感染地下球根，也可以结合百菌清、多菌灵等药物灭菌。4 月底至 5 月，还能采取直接断水的办法，提前让酢浆草进入休眠期，人为控水可以断绝菌种持续繁殖，得以保存地下球根。

三、冻伤

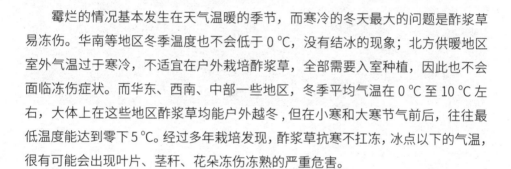

霉烂的情况基本发生在天气温暖的季节，而寒冷的冬天最大的问题是酢浆草易冻伤。华南等地区冬季温度也不会低于 0 ℃，没有结冰的现象；北方供暖地区室外气温过于寒冷，不适宜在户外栽培酢浆草，全部需要入室种植，因此也不会面临冻伤症状。而华东、西南、中部一些地区，冬季平均气温在 0 ℃ 至 10 ℃ 左右，大体上在这些地区酢浆草均能户外越冬，但在小寒和大寒节气前后，往往最低温度能达到零下 5 ℃。经过多年栽培发现，酢浆草抗寒不扛冻，冰点以下的气温，很有可能会出现叶片、茎秆、花朵冻伤冻熟的严重危害。

防治：

以江南地区为例，冬季的气温不会长时间持续在冰点以下，一天中最低温度在 0 ℃ 至零下 5 ℃ 时，当天最高气温也能爬上 3 至 5 ℃ 左右，这样的气象气候就决定了自然界无法形成大规模冰封冰冻。因此，当气象播报最低气温在 0 ℃ 时，无须进行防冻措施，酢浆草本身的耐寒能力可以抵御寒凉，继续迎着寒风茁壮生长。而当最低气温在零下 4 ℃ 至零下 6 ℃ 左右时，一般会伴随着冷冽的西北风，植物受到低温和寒风影响，容易出现轻微冰冻伤，需要为户外栽培的酢浆草采取适当的挡风措施，除了市场上现有的暖房之外，床单、米袋子、塑料膜等材质均能成为很好的挡风棚材料，为酢浆草支起一个小小的温暖空间，既能抵挡严寒，又能遮蔽狂风和霜雪。

● 2016 年寒潮

　　除了正常气候下的冬季御寒之外，偶尔也会面对极端的气象气候。例如 2016 年，被载入气象史的超级寒潮，打破多项纪录给人带来深刻印象。这股由西伯利亚形成的最强寒潮随着大气运动，快速南下影响了我国的大部分地区，并刷新了多地的最低冬季气温，带来了巨大的经济损失。也给养花人造成了不小的麻烦，华东地区的酢浆草种植者几乎面临了全军覆没的打击。从未见过极度严寒场景的南方人，终于见识到了冰封千里的壮观自然景象，这次的寒潮无疑是迅猛且让人措手不及的，很多花友尚未意识到它的强度和威力时，已经发生了重大伤亡。

　　面对突如其来的低温冰封重创，可以采取三种方式进行补救。

　　用 *Oxalis obtusa* 'Damask Rose'（大马士革玫瑰酢浆草）举例简单讲述一下过程：

（一）剃头修复

剃头法除了运用在防霉工作上以外，对于冻伤处理也是必须采取且非常有效的办法。把已经冻熟，变得疲软无力、耷拉发蔫的叶片、花梗和茎秆修剪掉。这样做一来可以防止冻伤蔓延影响全株植物的健康，二来这些部分已经死亡，失去了生长能力，及时清理残枝能防止气温回暖后为霉菌提供繁殖温床。所以在发现酢浆草冻伤的第一时间，就需要采取剃头法来抢救植物，保留根基部尚还坚挺拥有生命力的主杆，其他冻伤部分全部剪光，让地下贮藏器官的鳞茎、块根和球茎养分可以慢慢修复创伤，重新生出新叶嫩芽并孕育花苞。

●剃头

●恢复

（二）浇灌补肥

在发现冻伤的酢浆草植株以后，除了清理伤亡的枝叶，还必须浇一次透水。由于冰冻的过程主要是冻住了植物体内的水分以及土壤本身含有的水，所以受灾后及时浇水一来能帮助解冻，让原本被冰住的土壤可以慢慢化开，二来能补充植物失去的水分，埋在土层以下的球茎、块根和鳞茎部分有地面植株的遮挡保护和土壤本身的包裹，地下根系没有那么容易冻坏，补充水分慢慢吸收后，可以让植株得以修复缓解。

在补充水分的同时，可以一并追加钾肥，钾元素能促进植物蛋白质的合成，能够使植物生长更粗壮，加强其抗病性和耐寒力，让植株不易倒伏，更快速地恢复元气，抵抗严冬的考验，重新复原。

（三）补光保暖

已经受到冻伤重创的酢浆草，在经过剃头修复和浇灌补肥之后，还需要温暖明亮的环境。尤其是光照的及时跟进，可以把伤了元气的植物从死亡线拉回来，重新焕发生机。只要植株能保住，施以正常养护手法，冻伤痊愈后，剃头修剪也完全不会影响球根植物的开花，而在叶片被剃光后，没了遮挡的花苞，能更直接地接受光照，株型更紧凑，完美逆袭爆盆成花球。

●花球

大部分冻伤的酢均能采取以上三种方式进行抢救，也有竭尽全力未能救活的情况，那都是冻成重伤无法治愈，不过可以尝试着保留空花盆至春天，部分鳞茎和块根酢可能只是在严寒季节迫于低温进入冬眠假死状态，入春后会再度发芽生长，球茎酢有幸的话也可能留下火种，待来年秋播。

四、徒长

造成徒长的原因，主要是由于酢浆草受到了地域性的气候影响，如地域性的雨水充沛，光照不足，或者生长环境受到外物遮挡，缺乏直射光源。北方冬季户外过于寒冷，只能在室内栽培，这就会造成隔着玻璃，光源力度不足，酢浆草容易在生长后期株型偏高、茎叶疲软、花梗纤长。华东、西南等地区，9月至1月的秋冬季节会出现零光照的多个月的连续降雨，伴随着旷日持久的秋雨绵绵和冬雨阴寒，缺乏光照的酢浆草，捱过好不容易在夏季的高温后，植物却在雨水浇灌中不断地徒长，那没有休止般疯狂长高的茎秆，每看一眼都是愁上加愁，痛苦万分。

我从2013年开始玩酢浆草，被迫在这样的环境中拉扯长大了一批又一批的酢花，对于解决徒长问题也有了自己的一套经验总结。归纳概括的来写一下这些实践的过程和结果，希望能帮助更多的花友开拓思路，用人为干预的方式对抗大自然极端气候造成的植物徒长。大致把解决徒长的方式分为物理治疗和化学治疗两大类，总共十一种方案。

（一）补光法

万物生长靠太阳，既然徒长是因为光照不足引起的，那补光就是最关键的因素，适用于所有的品种。如果是室内养殖，可以采取植物补光灯，以弥补日照不足的情况。户外养殖的花友，需要尽可能地争取每一次秋雨间歇中太阳难得露脸的机会，努力得到宝贵的光照。当然，在补光的同时也必须注意两个方面：第一是浇水，坚持潮而不湿为原则，浇水太多容易徒长也容易烂球；第二是温度，在30 ℃以上甚至30 ℃左右，不要直晒，秋植酢怕热可能会晒死或者晒焦。

用秋植酢 *Oxalis lichenoides*（白花肉酢）举例说明补光的重要性。因为这个品种叶片像多浆植物一样肉肉的，所以被花友称为"白花肉酢"。埋球后，大约在10月中旬发芽，正好赶上华东地区阴雨连绵的时节，一发芽，茎叶就控制不住地开始细软纤长。初花的时候，叶柄全部软绵无力地摊在花盆里，12月进入初冬后，雨神终于舍得离开，立马把最好的光照位提供给徒长的酢浆草，能够看到新冒出来的叶片叶柄都是短短的。经过一个月的补光，12月底白花肉酢迎来盛花期，纯洁清爽的小白花，平凡而淡雅。补光后的花梗也不再垂软，都笔直地迎着初冬的暖阳展现勃勃生机。

●徒长

●盛花

●补光

●笔直的花梗

（二）填土法

　　填土法是比较普及比较常用的方式。适用于早花酢浆草中主杆特别长的品种，比如双色冰淇淋和长发系列酢等。把过长的枝条用土填埋起来。保证土面以上的植株部分看起来更精神。如果徒长的部分已经很长，可以把枝条盘曲在花盆里做填土工作。当然需要注意的是手势要轻柔，不然很容易折断枝干。

　　除了填土之外，也可以用铺面做同样的工作，虽起到的作用略有不同，但是都能帮助修饰株型，并且能稳固根系。填土法更利于植物的生长，毕竟植物生长过程中需要土壤的养分；而铺面法能够让盆栽看起来更整洁美观，起到修饰的作用，也能帮助土壤保持湿润，浇水过程中防止土壤飞溅，还能一定程度上预防小黑飞等虫害，铺面法比填土法更通用。而在控制徒长问题上，建议两种方式互相结合使用。

　　市面上能买到的铺面材料非常丰富，现在流行的主要有：虹彩石、绿沸石、赤玉土、松鳞石、植金石、火山石、鹅卵石、日向石、珍珠岩、鹿沼土、麦饭石、桐生砂、陶粒、河砂、煤渣，等等。由于酢浆草的种植和多浆植物有所区别，土壤需要保持微湿的状态更有利于它的生长开花，所以像赤玉土就不算太合适，会慢慢变得软烂；植金石也会因为过于白皙而变色，影响美观度；珍珠岩质量太轻，浇水时会出现漂浮，也不太适用。其他大多数材质都能拿来作铺面，具体看自己的审美和需求。

●各种各样的铺面材料

以 *Oxalis tenella*（细花酢浆草）举例，经过缺乏光照的秋季，植株的主杆已经快要爬出花盆外，首先可以采取填土法，把过高的主杆轻微盘曲在花盆内，填土掩盖，然后再用陶粒覆盖花盆表面。经过这两步的修饰，株型不再倒伏，变得挺拔向上，之后就利用补光法，期待后期的茂盛生长。

●填土法　　　　●铺面法　　　　●补光法

（四）下压法

这是一种暴力的物理控徒手法，也是最简单最容易操作的。在看到因为光照不足导致茎秆偏软，植株偏高，主杆直挺挺地快要越过花盆的边缘时，直接拿手掌刻意地把整盆植物往下压，这种简单粗暴的手段主要适用于桃之辉系列的酢浆草。这个系列的品种枝干比较细软且有韧性，手掌使力往下按压之后，茎秆就会弯曲倒伏贴地，并不用担心大力会造成枝干折断，它们的柔韧度非常好，只需要在完成下压后，略微调整一下植株间的位置，使其不会相互缠绕打架即可。当然暴力也是需要考虑枝叶承受重力的问题，用手掌可以自我控制好这样的尺度，不能依靠重物的力度直接压扁酢浆草的徒长茎秆，即便桃之辉系列的枝干再有弹性，过重地压迫损伤后也不能完全恢复健康生长。在实施完手掌下压法后，进行补光操作，植物均有向阳性，通过光照的补给，新生嫩芽会再度向上生长，原本借助外力压弯的主杆顶端能继续笔直往上，养护半个月左右，株型就能长得茂密饱满了。

以 *Oxalis glabra* 'Pinky White'（粉白桃之辉），举例说明手掌下压法在实际运用中的操作方式，秋播开始后，把发芽的酢球均匀地分布在花盆内密植埋球。这个品种是桃之辉系列中颜色最讨人喜欢的，有着羞涩的嫩粉，又结合了纯洁的亮白。

●粉白桃之辉

　　粉白桃之辉种球较小，一颗种大约只有绿豆至黄豆大小，单一一粒种球是没法种出爆盆的效果。根据盆子的大小，11.5 cm 口径的酢盆可以埋 5~10 球左右，我采用的花盆高 12 cm，口径 25 cm，9 月中下旬，该盆大约可以密植 40~70 粒左右。由于这个品种的植株本身具有容易徒长的特征，埋球的时候尽量离盆口保持 2~3 cm 左右的高度，把球横躺在土面上，均匀分布好密植的位置，薄薄的覆土，刚好盖住种球即可。

● 种球均匀密植　　　　　　　　　● 手掌下压植株

　　发芽生长后，华东多地就会遇到持续降雨，在缺乏光照的气象气候条件下，植株不由自主的拔高纤细，如果人为不进行干预，主杆会直接挂出花盆外，让茎秆暴露在花盆表层，不利于养分供给，花苞数量会直线下降，悬挂在花盆外的花朵也会因为花束不够集中，美观度大幅下降。所以在发现枝叶高度超出花盆的时候，就需要把越过花盆的茎秆重新拾回盆内，拿手掌下压整盆植株，让原本笔直向上或者已经悬挂在盆外的枝干全部贴地躺平，把所有的枝叶茎秆压到和花盆高度差不多平齐，以此做到控高的目的。

　　由于粉白桃之辉的种球密植，枝叶繁茂，相互挤压牵制，下压后，主杆会很自然地弯曲贴地不会回弹。这样的下压过程几乎伴随着整个叶片生长期，反复多次操作，叶片会爆满盆，加上人为调整株型，整盆粉白桃在开花前的形态是圆润且丰腴的。

● 调整后株型圆润　　　　　　　　● 花苞爆发

● 盛放

　　叶片生长期过后，就会迎来花苞的孕育和爆发，这时候就不适合进行手掌下压了，花梗一旦被压弯，开花效果就不够整齐壮观。

　　粉白桃之辉的花期集中在 11 月底至 2 月底，采用手掌下压法调整株型的盆栽，最大的好处是不会影响开花时间，能早一步欣赏到它娇娥粉黛的盛放美景。

（五）打顶法

　　打顶是养花过程中，经常采用的一种园艺手段，养酢浆草同样可以用到。虽然不是必需的操作，但完全可以当作补救徒货的方式之一。它适用于早花品种中主杆略高的酢，比如：长发系列，桃之辉系列，高个酢，星星酢，等。打顶的好处是去顶尖优势，可以促进分枝，部分主杆强壮的品种，剪下的枝条还能用于扦插，是控制株型的好方法。

用这个方式拯救徒货的同时，需要注意两个问题。

一是扦插的枝条会生根开花，但是不一定会生球。

二是打顶后的品种可能会延后花期、错过盛花，花量稀少甚至当年不开花。因为植物需要光合作用提供生长所需的养分，秋植酢浆草，生长周期本来就很短暂，打顶剪去的绿叶会直接影响到植株的生长速度。所以打顶要趁早，更利于留下足够的生长时间，以提供开花所需。

依然用 *Oxalis glabra* 'Pinky White' （粉白桃之辉）举例。这个品种虽然容易受到光源干扰造成疯狂徒长，但是花色优美，品种优越性很强，非常适合密植，植株在中后期可以采取的控徒手法多种多样，除了上面提及的手掌下压法，打顶法也同样适用。

9月底埋下的球，很快就能冒出新芽，但是在雨水不断的环境中，小苗拔高的速度非常快，10月底11月初左右，我就狠下心把小苗全部打顶，下剪刀的位置在主杆底部的第一节点上。11月整个月依旧是阴雨连绵的气候，打顶的主杆很快就会再度发芽，甚至出现大量分支。经过12月的养护，1月粉白桃之辉就会陆陆续续开始开花，此时的株型已经逐渐丰满。在华东地区它的盛花期集中在12月底至2月底，经常可以用爆盆的美颜迎接新年，陪花友度过一个幸福快乐的节假日。粉白色的小花经过株型的修正后，会更花团锦簇地盛放，恬淡的气质是它最诱人的美。花谢后，叶片也会进入一个爆发式的生长期，此时也是地下种球的繁殖旺季，需要注意水肥的跟进。

● 徒长的枝条

● 打顶

● 再度发芽

● 初花

● 盛花

在相同栽培环境下，相较于下压法，打顶法的优势在于能更好地促进分枝，盛花期爆发的花量相对丰满卓越，缺点是花期大大地被缩短，由于打顶后植株进入二度生长的阶段，养分供给需要再一次维持叶片的发育成长和光合作用，并且还要孕育比正常植株更多的枝叶和花量，因此它的花期大约比下压法控徒的植株延迟并压缩了半个月至两个月左右，具体的差异和当地的气候条件、种植环境等因素也有着密不可分的联系。总体来说，两种手法各有优缺点，都特别适合拿来拯救桃之辉系列酢浆草的徒长问题。

（六）剃头法

和打顶法不同，剃头法好比理发过程中，让理发师修剪一下刘海和长度，不会改变整体发型。它只是用叶片修剪的方式，辅助美化株型，对植株生长不会产生过多影响。剃头法适用于以根部生长点为中心，叶片花梗辐射生长如莲花型的所有品种酢浆草，叶片的适当修剪不仅不会阻碍植株的健康茁壮，很多时候反而有助于采光、通风、让养分更多地供给孕蕾，促进花苞的生长发育，也能人为调控株型，让整盆酢浆草在颜值上更上一层楼。此方法非常实用，是我在养护酢浆草中最常采取的办法。

以 *Oxalis purpurea* 'Ulifoura'（最美芙蓉）的生长过程图为例，展示剃头法拯救徒货的效果。9 月底，用了 15*15 cm 的方盆埋了 4 颗种球，芙蓉系属于早花品种酢，生长和开花速度都特别快，一个月不到就初花了，十月中旬正好赶上华东地区秋季的零光照，叶柄直接伸到花盆外，稀疏的"发型"实在太难看了。十月底，沿着中心生长点，把徒长的叶片全部剪光，甚至尚在孕蕾，仍在开花的部分花苞花朵也一并剪掉，修剪整理过后，看上去一下子从"杀马特"回到了清爽"小正太"。之后短短一周时间，正处在生长旺季的 *Oxalis purpurea* 'ulifoura'，叶片重新繁茂，花梗更短更紧凑也更加贴近地面，整盆花的气质都变了，从小正太长成了美少年。

● 播种

● 初花

● 徒长

● 剃头

● 拯救后的株型

之前谈到的办法大多数适用于早花品种的酢浆草，另外剃头法也适合于以 *Obtusa* 系列为主的晚花品种。

用 *Obtusa* 系著名的杂交品种 *Oxalis obtusa* 'Kunzite'（锂辉石）来举例说明一下。这是一款仙气缥缈的白色系酢，说是白色，但这款的颜色不太稳定，会随着养殖环境的不同而有轻微改变，到了盛花的冬末和春季，华东地区的光照条件比较好，随着光照的加强，基本开出来就是白色的花。有部分花友的种植环境光照略弱，温度也偏低，开出来花瓣会带着浅浅的粉色。而我养殖的锂辉石刚打开时会有一圈淡粉色花喉，随着时间推移，这圈花喉颜色会越来越浅，直到消失不见变成纯洁的白色花。

● 淡粉色花喉

华东地区进入 2 月就开始升温，OB 系随着温度的升高，一下子就会进入盛花期，然而因为秋季的雨水太多，花开后的株型太松散，把花盆躺倒，就能很明显地看出叶柄和花梗都显得过长，徒长会造成筋骨强韧度不足，出现倒伏，形态不够紧凑。用剃头法沿着花盆边缘修剪一圈，这样光照能更好地抚慰新窜出的花苞，把过于茂盛的叶片剪掉，也能让新冒出来的花苞得到更多养分，之后锂辉石就完美地爆盆了。用的是 15*15 cm 的方盆种了 5 粒种球，爆花的效果太惊人了，如新娘的手捧花，纯洁而坚贞。

● 松散的株型

● 剃头

● 紧凑的株型

　　由于剃头法在拯救株型上运用非常广泛，所以四季酢也能采取相同的手段调控株型。不仅是控制徒长，也是清理老叶促进植株焕发新生的手段。比如四季鳞茎酢品种 *Oxalis triangularis* 'Birgit'（绿之舞酢浆草），就能通过剃头法再创辉煌。

　　绿之舞叶片宽大，单复叶呈现倒三角形，最大的优点是花开四季。它的花是纯白色的，花瓣细长，影影绰绰地在绿叶中轻灵飞舞。

　　夏季，为了躲避高温，一般会把鳞茎酢搁置在大树下的散光环境中养护，好处是不会热死，能够安然度夏，花开持续不停歇。坏处是叶柄不受控制地疯长，小小的花盆驾驭不住倒伏的叶柄，8 月末给绿之舞剪成了"光头"，让它也享受一把凉爽，随着温度的降低，10 天左右，它就能恢复生机，又变成小清新的样子，新长出来的叶片株型更紧凑，也更具活力。

● 纯白色小花

● 疯长的造型

● 剃头

● 恢复清新

（七）造景法

　　在接触酢浆草之前，我接触最多的是木本植物，对于中国园艺的盆景文化有一定的了解，再结合自己所掌握的知识，对于观叶酢浆草品种的徒长问题，还可采取造景修饰法。当然园艺的文化博大精深各有所长，造景法能够运用到的元素有很多，大家可以大开脑洞，玩出自己的风格。

　　在这里，对徒长的 *Oxalis palmifrons*（棕榈酢）进行简单的改造，展示造景法的作用。不得不说华东地区的秋冬季对养花人来说太难熬了，一个秋天过去后，棕榈酢几乎在零光照的环境里苦苦挣扎，徒长得无法见人。1月份，奇葩造型真的让人看不过去了，首先就运用了剃头法和铺面法，进行了拯救徒货的"小手术"。因为我用的是泥瓦盆种植，所以就选择能够搭配这种朴素花盆的传统盆景元素，翻找出了两块假山石，安置在盆面上。有了假山石的调剂修饰，整盆棕榈酢都有了品味上的提高，从杂草变成了有想象空间的高山草原。秋天过去后，随着光照的补充，棕榈也慢慢有了紧凑的株型，茂盛的小叶片如小手般抚慰人心。

● 茎干徒长的棕榈酢

● 剃头法加铺面法

●添加假山石

● 株型慢慢紧凑

（八）垂吊法

垂吊法是为了懒人准备的。不就是养徒嘛，有什么大不了的，可以玩成垂吊型。把花盆搁置在略高的位置，让它徒去吧！徒着徒着就自然垂吊了。这种方式特别适合株型很高很容易失控的品种，比如：高个酢，黄麻子酢，大饼脸酢，长发酢，小橘饼酢等。

Oxalis stenorrhyncha（高个酢），听名字就知道这款最大的特点就是个子高。长着长着就不受控制越拔越高，当然这种株型在华南等地区是不会出现的，生长在光照充足的环境里，哪怕是高个酢也是株型紧凑，形态丰满。而在雨水充沛的华东等地区，它有着高海拔的身材，最初我设想用支架撑起整棵植株，由于秋播季节太忙碌，等回头想起它的时候，茎秆已然变粗定型，枝干弹性不足，很难修正主杆的生长方向了。那就干脆把花盆摆放在高处，随它自由发挥，受到地心引力的影响，它的株型会慢慢就如瀑布一般往下悬挂，倾泻而下的橙色小花，徒出了新境界，徒出了新高度，却也徒出了另类的垂吊美感。

● 摆放在高处

● 如瀑布般的橙色小花

关于垂吊养法有个关键点需要注意，那就是光照的方向。尽量做到不移动花盆位置，让花朵始终朝着一个方向绽放，慢慢地聚拢在一边的小花随着花梗的徒长，垂吊的效果就会自然而然地形成，如 *Oxalis caprina*（羊蹄叶酢浆草），这个品种的特点就是花茎特别纤长，在阴雨天比较多的地区，非常适合垂吊的养护手法。我使用了藤筐种植，种植时把种球埋在离盆口 10 cm 左右的位置，提前预留出植株徒长的高度空间，后期茎叶高度刚好能让小紫花面朝阳光从藤筐中慢慢流淌而下，藤编装饰也正好遮挡住徒长的茎秆，这种形态独具田园风格，把原本的株型缺点转化成优点，进一步，提高了观赏性。

● 羊蹄叶酢浆草

（九）支架法

支架法大体上分为两大类：一种是花式支架，可以让徒货攀缘在支架上生长，以起到把植株徒长倒伏部分固定向上的作用；第二种就是支撑式支架，就是笔直的，或者一个圆圈型的。经过多年的尝试，建议大家用铝线制作园艺支架，我最初也采用过竹签和铁线材质，竹签遇水容易发霉，铁线遇水容易生锈，后来铝线就变成我家常备种花道具了。

● 铝线

先来重点介绍一下第一种花式支架。这是我于2013年刚开始接触酢浆草时想到的办法，当时尚未系统地意识到株型的徒长对植物的负面影响有多严重。只是单纯地觉得不断突破新高度的主杆在观赏性上大打折扣，因此通过思考和实践，采用直径2 mm的铝线自制了个喇叭花型的支架。

● 喇叭花型支架

Oxalis hirta 'lavender form'（淡紫长发酢浆草）是长发酢浆草品种，长发系列酢在华东地区的开花能力总体来说不如光照充足的地区，因为它的花期正好就在秋季，凑巧就是绵绵细雨不停时，缺少光照的加持，开花能力就会大大下降，并且株型也容易不受控制地疯狂徒长。

刚发芽的 *Oxalis hirta* 'lavender form' 已经是个大高个儿了。制作的花式支架刚好给它提供了一个攀缘的生长环境，把徒长的枝条盘在支架上，牵引枝条的时候，请注意控制手上的力道，用力过猛会折断主杆。真的不小心折断了，也请不要担心，可以当作去顶尖优势，长发酢同样适用打顶法。搭建好支架后，我用了鹅卵石做铺面，美化盆栽的同时，也能固定支架的稳定性。这样的攀缘模式，好处是横向牵引后，受光面增加，盘曲缠绕的弯折处也更容易增加分枝。秋末木本开始落叶，长发酢也进入了花期，用了花架以后，开花也比较集中，后期人为适当牵引，枝杈会慢慢沿着支架生长，受到束缚后，株型也不会很乱，始终是蓬勃向上发展，甚至逐渐盖住整个花架。

● 徒长

● 牵引

● 花期

● 紧凑的株型

再用*Oxalis pardalis*'White'（白纤茎）示范一下第二种支撑式支架的优越性，这款品种特点就是茎蔓比较纤细瘦长，同样用直径 2 mm 粗细的铝线制作了一个简易的环形支架，把四散躺倒的茎秆全部束缚在环形圈内，以起到支撑向上的作用。由于枝叶繁茂的遮盖，加上刻意选择了棕色铝线，与植物的茎蔓同色，很好地融入了环境里，所以安置在花盆内，完全看不到支架的踪影，看不出人为加工的痕迹。这种支架最大的优点就是能够通过人为干预，有效地掌握株型生长方向，聚拢所有分枝，让花朵更集中的开成一个花球。白纤茎开着素色的小花，花朵圆整丰满，叶片也很有特色，给人清爽雅致的印象。

● 环型支架

● 瘦长的茎蔓

● 聚拢的株型

● 雅致的花球

（十）压苗法

压苗法在传统盆景制作上是十分常见的手段，我结合不同品种的植物特性把该想法有效地运用到了养护酢浆草上，为控制徒长提供了新的助力。

这种手法适用于主杆较高，韧性较好的品种，这一类酢区别于以基部为中心向四面如莲花般辐射生长的品种特征，它，仅是一颗种球长出单一的主杆，主杆上侧生分枝或在主杆顶端孕育花蕾。

● 醒球的白纤茎

比如：冰淇淋系列的酢浆草、长发系列酢浆草、纤茎系列酢浆草、桃之辉系列酢浆草等。由于桃之辉系列的品种茎秆柔韧度格外好，无须外物固定仅凭手掌下压就能塑形，因此对它来说压苗法反而无用武之地。其他类同株型的酢就需要借助压苗法来达到控制株型的目的。

依然用 *Oxalis pardalis* 'White'（白纤茎）的养护过程来说明压苗法的使用。

白纤茎醒球特别早，一般在 7 月初就开始发芽，北方秋季来临较早的地区以及南方气候并不闷热的区域，在发现种球苏醒后可以立即埋球。而夏季极高温的地区，7 月的高温才刚刚开始，40 ℃暴晒的气象气候非常不利于种球的生长，一般可以拖延到 8 月底 9 月初埋球。

我这次采用的是 18*18 cm 左右的方形塑料盆播种了 4 颗种球。很快就顺利发芽，且因种球本身比较大，力道足，主杆上的分枝有很多。不过因为夏末气温过高，日照过强的因素，晒死了一苗。为了防止悲剧再度降临，温度在 30 ℃以上甚至 30 ℃左右时，我都会把花盆移到大树下的散光环境遮蔽。虽然挡住了烈日的炙烤，但是株型却不可避免地蹿高到了 15 cm 以上。

过高的株型和方形花盆的比例产生失衡的观感，这次我使用了压苗法拯救徒长。用直径 2mm 铝线剪成 8~10 cm 左右的小段对折，形成一个固定环，这样的固定工具也能用"回形针"等其他材质代替，其目的就是压倒植株后，茎秆不会重新笔直向上地反弹。

● 固定环

把仅剩的三棵种苗主杆和分枝分别压倒平躺在土面上，利用铝线固定环插入土面压住茎秆。因为之前晒死了一棵苗，所以在压苗完成后初期，整盆植物看起来稀疏不茂密，原本预计的枝叶铺满盆的效果就打了折扣，出现了典型的"地中海"造型。后期需要不断微调，采用二次、三次的压倒分枝固定的手法，人为掌控植株走势。

● 调整株型

大概在 10 月初的时候，白纤茎的整体造型就基本构建完成，并开出了第一朵花。

一个月后，经过水肥的养护，光照的补充，白纤茎枝繁叶茂，花开爆盆。

这个方法与支架法相比花量更胜一筹，这是由于压苗法盘曲后，增加了分枝的生长空间，支架法约束了株型的同时，也限制了枝杈延展的角度和采光，花芽孕育同样受到了影响。另外，压面枝干受外力挤压，横弯部位堆积的养分最充足，促进分枝的产生，分枝越多，花量也就越大。与支架法盛花期尚能看见叶片的情况相比，压苗法培育的白纤茎花量覆盖满盆，叶片几乎已经隐身。

● 初花

● 爆盆

（十一）矮壮素，等化学治疗法

之前十种方案都是纠正徒长株型的物理治疗法。另有一种化学治疗方法，虽没实践过，但是根据了解，矮壮素在种球种植中运用还是比较广泛的，有兴趣的花友可以做个试验。

国内很多地区的养花人都需要面对比较恶劣的气象气候，比如夏季暴晒如火炉，秋季多雨零光照，冬季寒冷没供暖，春季短暂如流星，想要在这样的环境里养好植物，只能通过人为创造条件。没有光照，徒长的植物固然让人心烦，但是一次次开动脑筋把它们的颜值抢救回来，就好像医生拯救病患，这也是花友的乐趣，提高自己的种植水平，养出爆盆花开的植物，悦人悦己。

第五章

痴迷于酢浆草

在有酢浆草陪伴的日子里，日渐痴迷于它，对酢浆草的了解也日渐加深。用自己的方式记录下与酢浆草的故事。

一、鳞茎酢浆草详解

鳞茎为地下变态茎的一种，变态茎非常短缩，其上着生肥厚多肉的鳞叶，内含丰富的营养物质和水分。酢浆草大家族中鳞茎形态的成员较少，一般有高山酢浆草和四季酢浆草两种类型。

（一）高山酢浆草

高山酢浆草系列的叶片肥厚，不是常见的三复叶，更像蒲扇或是棕榈叶的样子。开花尤为娇媚，花瓣质感温润，花色争奇斗艳，有纯净无瑕的玉白色，也有带条纹的深粉色，更有梦幻典雅的艳紫色，让人不由自主地深陷其中。

● 高山酢浆草（图片由花友梦彩时分提供）

高山酢浆草播种在秋冬季节，盛花期在3月至5月，夏季会进入休眠期。它最大的特点就是对生长环境和养护手法要求极其苛刻，从名字就能得知它的原产地在高山岩石上，性喜凉爽，耐干燥，抗寒性特别强，极度畏热。播种季温度稍高，就可能导致不发芽，即便顺利发芽，遇到高温高湿，地下鳞茎很容易出现霉烂。

栽培介质可以参考多肉植物的配土方式，以颗粒土为主，少浇水，放置在凉寒的环境里养护，虽然怕热但是植株本身喜光照。夏季休眠后，地下鳞茎需要从地底挖出来贮藏，保存在5℃左右的低温环境下。建议把鳞茎存放在冰箱内度夏，我国大部分地区夏季过于炎热，非常容易造成鳞茎的深度休眠，秋季不发芽，甚至直接腐烂化水。

该系列的品种由于度夏艰难，栽培不易，对环境温度要求太高，在我国大多数地区都会出现不良反应，因此引进的数量也非常稀少，只有个别花友会本着挑战高难度的想法购买。物以稀为贵，高山酢浆草的鳞茎价格也一直居高不下，属于小众高端玩家的领域。

（二）四季酢浆草

四季酢浆草叶片面积比较大，呈三角形。喜欢阴凉、明亮的生长环境，对光照很敏感，强光下，叶片会收拢向下，相较于其他园艺品种酢浆草，四季鳞茎酢浆草比较耐阴、抗热、抗寒，弱光环境也能繁茂生长，很适合阳台族的花友。夏季避开强光直射，冬季防冰冻措施做到位，就能一直生长开花不间歇。

这其中传播最广、最负盛名的当属 *Oxalis triangularis* 'Amethyst'（紫叶酢浆草）。用这款酢浆草举例，简单说明一下四季鳞茎酢浆草的养护过程。

●紫叶酢浆草

1. 繁殖

紫叶酢浆草最大的优点是四季均能繁殖、均会开花、均是枝繁叶茂。其最佳的繁殖季节在春秋季，在夏季温度超过 35 ℃，冬季温度低于 10 ℃ 的地区，鳞茎入土后发芽会特别缓慢，温度抑制了植物细胞的活跃，会进入一个假寐的状态，但并不会死亡，适当减少浇水，保持土壤湿润度，经过正常养护，嫩芽依旧会破土而出。

气候适宜的春秋两季，正是四季鳞茎酢浆草的翻盆、繁殖、播种的最理想温度，它们会进入快速生长周期。2 月底至 6 月中旬以及 8 月底至 11 月初，均可以给紫叶酢浆草进行翻盆，我喜欢在 3 月植树节前后翻盆繁殖。大多数酢浆草这个时节均处在生长阶段，会在鳞茎、块根和球茎下再附生一段和萝卜外形类同的根系，被花友称为"水萝卜根"。这是植物储藏水分和养料的变态器官，在整个发育生长期间，它是帮助维持植物健康茁壮成长的重要组成部分。

鳞茎酢浆草的水萝卜根是花友栽培种植酢浆草过程中最常会碰到的，这是因为球茎酢浆草发育出水萝卜根系时正值生长和开花的旺季，无须进行翻盆操作，等到繁殖期到来，水萝卜根就会化作养分传输给新种球的繁殖，休眠起球的时候就会发现，这段水萝卜根已经干瘪成褐色。

●紫叶酢浆草的地下部分

●摘除的"水萝卜根"

由于鳞茎酢浆草的繁殖速度过快，密植的紫叶酢浆草一年就需要翻盆一次，不然冠幅太大，盆栽比例会失调。因此每次给紫叶酢浆草翻盆时，都会挖出一堆的水萝卜，它们虽然是养分供给器，但不是不可或缺的繁殖器官，在回埋时可以摘除水萝卜根，这样有利于鳞茎在盆内的排布安置。

翻盆时建议大家把紫叶酢浆草的老叶全部剥离剪除，老叶茎秆疲软，回埋的过程中非常妨碍填土的操作。仅需保留浅棕色鳞茎部分即可，它们如莲藕根节般一段一段繁殖生长，嫩芽、花梗、侧鳞茎均从鳞茎顶端孕育，两节鳞茎相连处也能成为新的生长点。

●剪除的老叶

●密植的鳞茎

我选用了直径 18 cm 的红陶盆，挑选了肥大壮硕的十多段鳞茎进行密植。配土以蚯蚓土为主，附加泥炭土，拌入珍珠岩辅助透气，底肥用了海藻肥，种植时，离盆口约 3~4 cm，这样正好保证紫叶酢浆草生长后叶片高于盆口，形态更美观。

气温合适的情况下，1~5 天紫叶酢浆草就能破土而出，有时候叶片和花穗会同时窜出，不用担心开花会影响植株的生长发育，这区别于草本植物的养护，像矮牵牛等植物在生长期提早开花会妨碍株型的栽培，而紫叶酢浆草不存在这样的问题，它的优越性在于有地下鳞茎供给养分，一

●叶片和花穗同时窜出

发芽就开花反而能让养花人早一步进入赏花期。

大约一周时间新生的嫩叶就会展露优雅动人的紫色叶片。新生的紫叶色彩特别纯粹清爽，在绿意浓浓的季节里，它的色系能一下子夺人眼球，靓丽夺目。

1~2个月后，紫叶就能成为全场最佳，映衬在绿树环绕的环境里，它比花更美，高贵、典雅的紫叶如纷飞的蝴蝶，在庭院嬉戏舞动，美得清亮又神秘。

●新生的嫩叶

●一道靓丽的风景

除了紫叶酢浆草，四季鳞茎酢中还有一个重量级的存在，*Oxalis triangularis* 'Purpurea'（紫舞酢浆草）。这两款酢浆草除了叶片颜色有差异，生长习性完全一样，甚至都有个让人欢喜让人忧的甜蜜烦恼。它们密植后的占地面积十分庞大，我均是采用直径18 cm的盆子，密植了10多段鳞茎，经过春天的发育成长，进入夏季，它们都长成了饱满圆润的一颗球，经测量，每一盆的冠幅都达到了直径约60 cm，足足是花盆原本口径的3倍有余。可见这两款品种在爆发力、生命力上的优越表现，因此现在越来越多地把它们运用到了城市绿化的景观布置上。

●紫舞酢和紫叶酢庞大的株型

家庭栽培碰到这种大体量的植株确实会对植物的摆放感到棘手，满盆的叶片直接触地，打扫卫生时会碍手碍脚，走路时也会不小心踩到它们的叶片，不仅给生活带来麻烦，也在美观度上打了折扣。因而我特地找了两只高脚盆把紫叶酢和紫舞酢架高了摆放，好花还需好盆配，经过这样的修饰搭配，从视觉上看花盆和植物的比例就协调了，品味上有了大幅的提升，气度上也更加震撼全场。

●配上高脚盆的紫舞酢和紫叶酢

两款四季鳞茎酢浆草虽然都属于紫色系，但是颜色上还是有着巨大的差别，紫叶酢是绛紫色的叶片，鲜活充满动感。紫舞酢更像是靛紫色，老叶边缘的色彩接近于黑紫色，且每一片叶子中心都布有苋红色的心形花纹，这是大自然赋予植物的独特美感，高贵优雅中装着一颗魅力四射的少女心。紫叶酢浆草更活泼，紫舞酢浆草更沉稳，不管选择哪个品种都能用独特梦幻的色系妆点花园和窗台。

●紫叶酢和紫舞酢的叶子对比

2. 关于度夏

　　关于四季鳞茎酢浆草的日常养护,特别需要注意的是夏季高温在 30 ℃ 以上时,要把它们转移到明亮且阴凉的环境里养护,它们对强光照比较敏感,在高温下三片复叶会自动收起来,如雨伞一般向下合拢。这并不影响植物的健康,只是叶片对于光源的自然反应。另外高温下土壤水分蒸发过快,浇水频率太密集高温高湿可能会引起霉烂症状。在这个季节里,也是蜗牛、蛞蝓的高发季,室外种植酢浆草的花友,请及时检查,预防病虫害。

　　注意以上问题,紫叶酢和紫舞酢其实属于很容易度夏的品种,它们没有休眠期,夏季照样能蓬勃地迸发生命力,从入夏时直径 60 cm 冠幅一直延展至紫叶酢的 80 cm 以及紫舞酢的接近 1m。巨大的冠幅完全看不出它们依托的花盆仅仅直径 18 cm,比一般的木本盆栽还要壮观,是夏季庭院的绝对主角,用艳丽的紫色艳压身后的盎然绿意。

●紫叶酢浆草　　　　　　　　●紫舞酢浆草

3. 度夏后的养护

　　进入夏末,在栽培手法上有两种截然不同的方式。

　　一种方式是正常的浇水施肥,做好日常养护,顶着度夏的老叶直接迎接秋冬季节的到来,这种不需要人为过多干预的方式,最大的好处是简单便捷,只要定期清理一下枯烂的老叶,防止霉变的发生即可。坏处是,过于繁茂的枝叶抑制了新生叶片的发育生长，到了冬季，观赏性会直线下降，已经显露疲态的老叶抗寒能力也有所降低，在寒风中整体株型凌乱不堪，完全展示不出四季鳞茎酢浆草四季皆美的境界。

而另一种方式则是合理运用"剃头法"，在8月中旬至9月中旬左右，把紫叶酢、紫舞酢的老叶全部沿着和盆口齐高的位置剃成"光头"。有花友担心

● "剃头"

这样的操作是辣手摧花，恰恰相反，其实这是辣手"催"花。有别于前文中提到的为了防止霉烂增加叶片通风而进行的剃头，以及为了控制株型徒长而实施的剃头，四季鳞茎酢浆草运用剃头法，是为了促进新叶的生长。这种剃头技巧是我受到了养殖槭树科木本植物的启发，我会在夏末摘除枫树的老叶，然后经过半个月左右的养护，初秋时节，枫树艳红的新叶就会萌发，提高了盆景秋季的观赏性。同样的道理，夏末时节为四季鳞茎酢浆草剪光老叶能更好地把养分供应给新叶的发育生长。

这种养护手法需要注意两个问题：

（1）肥力跟进。一般在采取剃头前，需要提前5~10天施肥一次，让地下鳞茎吸收更多的养分随时准备着剃头后爆发充足的生命力。剃头后也要及时追一次氮肥，氮肥能保证植株的快速生长，让剃成光头的紫叶酢、紫舞酢快速地恢复状态。

（2）时间掌控。这样的不留余地的修剪必须在夏末时间段进行，过早修剪会因为气温过高，导致修剪后植物创面遭遇高温高湿而出现霉烂。修剪太晚，过了秋季的生长旺季，新生嫩叶发育缓慢，地下鳞茎被迫进入冬眠假寐状态，掌握好修剪时间是剃头法运用在四季鳞茎酢上的重要因素。一般剃头后10天左右新生叶片就能铺满整个花盆，一两个月后又能达到接近50 cm的冠幅，用更年轻饱满的精神状态迎接冬季的到来。

●剃头 10 天后的紫舞酢

●剃头 10 天后的紫叶酢

二、块根酢浆草详解

块根是植物侧根或不定根膨大而成，主要功能是储藏养分和繁殖。块根形态的酢浆草种类不多，最常见的是原产自南美洲的 *Oxalis articulata*（关节酢浆草）。

关节酢浆草被国内引进后在

●关节酢浆草

城市绿化上大面积种植。它拥有多个亚种和园艺种，具有耐高温耐寒冷的特性，北至北京南至广州，均能露天栽培，易于管理养护，株型自然成球，花量稳定，花期长，生长迅速观赏性强，优点比较突出。它的块根本身储备有丰富的养分，能够提供植株足够的生长需求，露出土面生长亦可。

目前深受花友喜爱并栽培的就是关节酢浆草的杂交园艺种 *Oxalis rubra* A.St.-Hil.'Pink Dream'（粉梦酢浆草）。相比较绿化带常见关节酢浆草那妖艳的桃红色，粉梦酢仿若一缕清风吹入心房，让人抑制不住享受着它带来的清歌雅舞。有着野花的烂漫，又藏着闺秀的恬静，于是，爱上它便成了自然而然。我将以粉梦酢浆草为例，向大家展示块根酢浆草的栽培、繁殖、养护等。

●粉梦酢浆草

（一）栽培

2013 年初，我在网上第一次见到这种花色清爽纯丽的酢浆草，迫不及待地购入了只有十来片叶子的小苗。刚收到的苗体由于在包裹里得不到阳光的照拂，叶片耷拉蜷缩，看起来有些萎靡。不过，粉梦酢作为块根酢浆草，有着贮藏营养物质而形成的变态根，路途颠簸暂时造成无精打采，只要重新入土，给予充分照料，就会迅速恢复生机，丝毫不会影响它自我修补的强大生命力。

● 2013 年 2 月购入的酢苗

用营养土:园土为1:1比例,搅拌少量珍珠岩,加复合肥做底肥,将苗体定植在15*15 cm 见方的塑料盆里。随着早春的大地回暖,粉梦酢很快就舒展老叶,萌发新芽,甚至带着零星几朵俏皮的小花迎春而来。枝叶过于娇嫩,没有强劲的支撑力,一开始它们会伏地生长,以中心点辐射成圆。光照跟上,枝繁叶茂后,茎叶、花穗都会挺立向上,无须修剪逐渐成球。

●定植一个月后的粉梦酢

● 酢苗花环造型

粉梦酢的花期很长,养护得当,气候适宜可持续全年,盛花期集中在春季和夏初,5、6月份就是它的豆蔻年华,花枝摇曳,越盆而展,娇花轻舞在枝叶之间。由于植株围绕块根中心辐射生长,如果花穗过长倒伏后,酢苗开花很容易形成花团环绕绿叶的造型。虽然不成花球,但也娟秀别致,像极了希腊神话里女神头戴的花环。

2013 年春天，我对于粉梦酢浆草的认知尚有欠缺，并没有摸透它的习性，低估了它的生长能力，所以最初给予的15*15 cm 花盆明显对于它旺盛的生命力来说有所欠缺。短短3 个月时间它就从十几片叶子的小苗，变成了冠幅达 30 cm 的壮苗。

由于不断变大的植株，原来的花盆已撑不起巨大的花球，因此我采取的是高脚盆当套盆，把粉梦酢架高摆放的方式。虽然粉梦酢属于四季酢，在自然条件适宜的区域会四季开花，但在华东等高温地区，7 月中旬至 8 月底的粉梦酢会进入半休眠状态，大量叶片枯黄，花量锐减。此时将花盆置放在半遮阳环境，避免强光直射，可使花期延长。即便因为温度升高植株地面部分被迫休眠，底下块根细胞依旧存活，和秋植球茎酢浆草休眠不同，四季块根酢浆草夏季不能断水，但可根据地面叶片的多少适当增减肥水。

● 冠幅 30 cm 的苗

● 半休眠状态的粉梦酢

安然度夏后，植株再度繁茂健壮，迫使我在 2013 年秋天和 2014 年初春进行了两次换盆。由于当年的知识储备不够，一味地认为植株冠幅不断变大，根系越来越发达，我就应该为它提供更大的生长空间，没有想到应该考虑减小冠幅。在第一次换盆后依然觉得花盆撑不起植株的冠幅，又在 2014 年 3 月进行了第二次换盆，倒出来的新生白色根系盘满整个花盆。而块根体被包裹在中心位置，翻盆的时候是看不到的。

这次用了 25*25 cm 的蓝色瓷盆，这个盆子也正式成为我沿用至今的粉梦酢专用盆。别看春天刚换盆时苗情舒展不开，随着气温的回暖，很快就爆发出了惊人的能量，直接开出了如梦似幻的粉色美景。经过一年的养殖，2014 年 4 月至 7 月，粉梦酢很快便植株丰满圆润逐渐盛放，星星点点的粉花缀在青翠碧绿之间，因为生长过于旺盛，即便是新换的盆也撑不起它硕大的花球。我又找了个口径 40 cm 的青花瓷大缸当作套盆架高了植株，把蓝色瓷盆直接搁置在大缸内，粉梦的整体冠幅依然比青花缸口径大了 20 cm 左右，蓬径已然接近 60 cm。这样的组合意外的清新宜人，青花配粉花，透着古典的雅致。

● 2014 年春换盆

● 2014 年夏开花图

（二）繁殖

不断增幅的花冠成了我的烦恼，株型太巨大了，非常占据空间，我开始琢磨怎么缩小它的直径。于是粉梦酢的繁殖问题被提上日程，它主要有三种繁殖方式，块根切割、侧芽繁殖、种子播种。

1. 块根切割

　　块根切割是处理冠幅过大最快捷、最直接的办法。一般在春秋两季最适宜繁殖，由于 2~6 月是粉梦酢的盛花期，为了不影响花期花量，建议在 8~11 月进行繁殖作业。块根切割的办法对根部损伤较大，需要为植株恢复生长提前预留一个温度合适的时间段，因此选择在夏末秋初操作最为理想，可以利用整个秋季的养护把切割的伤害减到最小。

　　华东地区一般在气温回落到 30 ℃ 左右的 8 月底就能开始翻盆工作。先把植株整体从盆内倒出，此时高温褪去，粉梦酢地面植株部分尽显疲态，适当的翻盆加肥也更有利于植株的繁茂生长。

●剥离根部土壤

　　翻盆时把底部细根处的土壤全部剥离，刚经历的盛夏不是四季块根酢的生长旺季，甚至高温区域的地面植株部分会进入半休眠状态，因此这个时间段翻盆挖出来的根系也并不发达，和春天翻盆时茂盛的根系相比，此刻只剩下少量的根须。

　　为了便于实施切割，需要把老叶全部剔除，清晰地露出块根部分，然后用剪刀或者小刀依照它自然分裂成多头的块根形态进行剪割、切块，也可以直接从块根节点处使力掰开。

● 剔除老叶

● 切割块根

尽量让每一个切割分离的块根都保留须根，然后重新植入土壤内，很快就能恢复旺盛的生长力。不留根系的块根部分，也能繁殖，但生长速度比较慢。回埋后，花盆置于通风的半遮阴环境以利于它生根汲取养分，大约2~10天能就能重新发芽。

● 重新发芽

经过块根切割后能有效地抑制粉梦酢过快的生长，让冠幅直接变小，也能繁殖出更多美丽的植株。

● 块根切割前后对比

2. 侧芽繁殖

相比较块根繁殖，这几年我更多的是采用侧芽繁殖。粉梦的块根能够孕育出众多侧芽，以此加大繁殖规模，也可以有效控制冠幅过于庞大的问题，另外侧芽的剪割操作非常简便，繁殖成功率比块根切割更高。

侧芽繁殖的时间一般在 9 月底至 11 月中旬，因为本身就是自带生长芽点的侧芽，所以比较块根切割来说，省去了萌芽新生的时间段。

大约在 8 月底 9 月初，气温下降到 30 ℃ 左右，先给半休眠状态的粉梦酢剃光老叶，和四季鳞茎酢的剃头法道理一样，这样能促使新叶的萌发，也能让养分集中供给，促进其生长出更多的侧芽。

大约 10~15 天左右嫩叶就开始聚力发芽，9 月中旬以后就能展开侧芽繁殖工作。

● 剃头

● 萌发新芽

由于块根酢在生长过程中，地下块根孕育出的新生侧芽体积过大、数量过多，块根体会慢慢越过土面，直接裸露在地表。因此无须翻盆刨土，侧芽部位就能很直观的用肉眼看到，截取带着新叶的块根部分，大约长度在 1~2 cm 左右，这样的操作用剪刀效果最好，两边同时使力的尖头剪刀是最方便穿插入丛生的侧芽群，一个个把它们剪割下来。侧芽从母体上剪切不会影响母本的生长发育，剪切数量需要控制，不能把所有的芽点全部剪光，至少给母体保留 3~7 个新生芽点，这样才能让母体得以控制冠幅的同时，再度养出爆盆的状态。

● 侧芽

● 剪掉部分叶子

　　剪下来的侧芽，可以适当修剪生长点的叶片，把徒长的部分剪掉，仅保留新的嫩芽，这样有利于培育出的小苗株型更紧凑美观。

　　我用的是仅 68ml 的一次性杯子育苗，虽然剪下的小块根创面很大，但是此时的气温已经有所下降，霉烂问题发生概率大幅下降，存活率增加。当然在培育小苗的时候还需要注意配土的通风性。把小苗放置在遮蔽强光的散光环境下有利于根系萌生，半个月至一个月左右，侧芽就会扎根生长。叶片也会随着根系汲取更多的养分从而健康地舒展，这种方式非常适用于大规模繁殖时采用。

这个方法最大的优点就在于成功性非常高，虽然采用的是暴力剪割，给植物带来很大的创伤，但是新生侧芽所含的细胞养分特别活跃，能很快地适应环境，经过换盆定植后，这批侧芽繁殖苗在我家已达到 100% 的成活率。

● 健康成长的粉梦酢

3. 种子播种

块根切割和侧芽繁殖都是属于无性繁殖，大多数情况下能够保持粉梦酢的性状，继承母本的浅粉色，当然也会出现个别另类的状况，偶尔会夹杂着部分返祖的关节酢艳粉色花朵，返祖是指有的生物体偶然出现了祖先的某些性状的遗传现象，这种不稳定发生概率不大。

● 种荚

种子播种属于有性繁殖，雄蕊和雌蕊授粉成功后结出种荚，由于粉梦本身就是关节酢的园艺品种，它的种荚成熟开裂后产出的种子是杂交后的第二代，性状非常不稳定，开花前完全无法预估花色。

●自播的小苗

我自己没有采收播种过粉梦酢的种子，从 2015 年至 2017 年，三年里的每年秋天，我摆放粉梦酢浆草旁边的木本花盆里总能自播出一棵小苗，由于四季块根酢的叶片带有细微绒毛，相较其他酢浆草叶片更厚实有质感，所以非常容易分辨。

　　第一年见到自播苗的时候，我就断定不是野生酢，再结合粉梦的花盆位置，得知就是它的自播苗，待它稍微长大就小心翼翼单独移苗，当时一心认为粉梦的自播苗长大一定也是粉色花。结果出乎了我的意料，竟然开出了白色的花朵，这个品种是 *Oxalis articulata* ssp. rubra f. Crassipes（小白酢浆草），小白酢的养殖手法和粉梦酢如出一辙，花量大，颜色素雅，也是别有一番风味。

●小白酢浆草

2016 年秋季，临近的花盆内又窜出一颗自播苗，就在我认定这回也应该是白色花的时候，第二棵小苗竟然是棵关节酢，即便看惯了遍布大街小巷的妖艳色彩，我仍然对它浓烈的花色无法抗拒。

2017 年秋季临近花盆内再次生出了第三棵小苗，这回有了上两次的教训，真不好随意猜测它的花色了。至本文截稿时，第三棵苗尚未初花，又会是一场惊喜在等着我吧。

●关节酢浆草

（三）养护

粉梦酢在养护过程或多或少会出现一些状况，这里主要介绍四种情况，分别为中秃、冻伤、徒长和返祖。

1. 中秃

●"地中海"造型的粉梦酢

在春天盛花期许多花友都遇到过一个很让人很头疼的问题，粉梦酢浆草不能开成完整的花球，花如裙子蕾丝花边一般集中在花球的下摆，中间仿佛被剃秃了一样，只有稀疏的几根花枝，此情况被养花人称作"地中海"造型。

这主要是由三方面因素造成的，其中第一方面是它的单一花穗能孕育 3~12 朵小花，花量较大增加了花茎的支撑负担，受到地心引力的影响，花穗就慢慢下垂了；第二方面是秋冬季节的光照不足，致使茎叶花梗徒长，容易出现倒伏问题；第三方面也是最重要的因素是粉梦酢浆草的耐热性和抗晒性略有不足。进入春季，气温逐渐回升，温度达到 30 ℃ 左右强光直射下，粉梦酢怕热怕晒的属性就会暴露出来，花穗叶片都会不由自主地向四周坍塌。

在养护过程中，秋冬季节的粉梦酢需摆放在阳光最理想的环境，尽量做到充足光照，以控制徒长问题。春夏季节，一旦出现中秃情况，需要及时补水，争取尽快挽回株型。而大多数情况是等发现的时候它已经变成地中海了。这时候说明花盆摆放的位置温度太高光照太强，赶紧挪到阴凉、明亮、通风的环境栽培。粉梦酢是非常适合阳台族花友种植的，它在盛花期对光照的要求比较低。而我是把整盆粉梦酢挪到了墙角边，利用墙体遮挡强光直射，经过 3~5 天的恢复，原本已经垂下去的花枝会重新向上挺起，花球的完整性得到了复原，不再是中秃造型了。

● 2015 年 5 月 3 日

● 2015 年 4 月 27 日

● 2015 年 5 月 4 日

2. 冻伤

　　四季块根酢在养护手法上大体可以参考四季鳞茎酢，但块根酢的抗冻性比鳞茎酢略胜一筹，在 2016 年 1 月，全国都遭遇特大寒潮的时候，其他品种的酢浆草出现了很多阵亡的悲剧。而被我放在户外的粉梦酢竟然抵御住了零下 10 ℃ 的冰冻天，顽强地活了过来。虽然叶片被冻得硬邦邦，但并没有出现冻得发黄、打蔫、化水、冻烂等问题。

　　我在化雪融冰的当天就及时剃去了粉梦酢的冻伤叶片，以保全整棵植株。舍不得孩子套不到狼，在伤害已经发生的时候，再多的不舍得也要化成对未来的憧憬，狠下心剪去受冰冻伤害的枝叶，尽量保留新生嫩芽，用浇水的办法给嫩芽化冻，再注意适当保暖补光追肥，一个月后，粉梦酢就能恢复圆润的植株形态。大约在 3 月初，重新生长的叶片紧凑又饱满，一点也看不出年初冻伤时病歪歪的模样。随着盛花期的到来，粉梦酢浆草花开满盆，粉妆玉琢，它的花季如粉红少女，天真又浪漫，热情又含蓄，在梦境中翩舞飞翔。

●冻伤的粉梦酢

●剪去受冰冻伤害的枝叶

●约一个半月后恢复原样的粉梦酢

3. 徒长

除了冻伤时能采取剃头法拯救，徒长的时候也可以依靠修剪来修饰株型。受到阴雨雾霾等气象气候影响，多地花友在秋季会遇到缺乏光照的问题，此时栽培的粉梦酢株型看起来有点糟糕，徒长的枝叶严重破坏了盆栽的美观度，此时可以沿着盆边大幅修剪。修剪后的粉梦酢保留了新生叶片，叶柄都比较短小，株型看起来更紧密。

●因徒长而株型不美观的粉梦酢

●修剪徒长的枝叶

●修剪后株型紧凑的粉梦酢

4. 返祖

随着春天的临近，粉梦酢开始进入花开爆发的时间段，它的盛花期时间长，能从 2 月中旬一直开到 7 月中下旬。粉梦酢是园艺改良品种，养殖过程中，粉梦酢会出现返祖的现象，情况比较轻的，仅一片花瓣受到影响变成艳粉色，也有半朵花或者整枝花穗仅一两朵花开成艳粉色。这不会影响整棵植株的性状

● 一片花瓣返祖

稳定性。另一情况较为严重的，块根体新衍生的侧芽全株开出来是关节酢的颜色。

为了保证品种的纯粹性，花友可以沿着艳粉色花穗往下移，找到返祖的块根侧芽，予以剪除。我比较有好奇心，非常想看看返祖的花色和粉梦酢搭配会是怎样的效果，于是我把家里一盆返祖情况严重的粉梦酢单独栽培，最后的效果也非常有意思，返祖的粉梦不仅有柔粉色的梦境，还融入了艳粉色的妩媚，春天里的爆花，简直就是奇异的组合。因为把花球养的太大了，花穗像姑娘的裙摆摇曳拖地，所以我干脆选个白色高脚盆，把整盆花架在高脚盆里摆放，和背景中另一盆纯色粉梦酢相比，返祖糅杂在一起的色彩更青春灵动。

球茎是节间短缩膨大呈球状或扁球状的地下茎，为实心，也称作种球。球茎酢浆草是酢浆草家族中品种最多、市场最大，也是最受花友追捧的。

（一）休眠的球茎酢浆草

除了极个别春植酢浆草之外，球茎酢浆草都会以休眠状态度过炎热的夏季，地面植株会全部枯萎，盆栽养殖的需要停止浇水，防止地下种球霉烂。此时，可以直接让种球留在盆里度夏，也可对地下种球进行收球保存以度夏。

1. 种球留在原盆度夏

当植株地上部分已经枯萎，把花盆搁置在阴凉通风环境，等待秋季到来，重新恢复浇水，随着温度的回落地下种球又能慢慢发芽重新生长。这种不收球的做法比较适合想偷懒的花友，好处是节省精力。酢浆草老球退化的同时会不断繁殖新的种球，休眠后不把种球从土里挖出来，在第二年秋天到来时，因为地下种球的繁衍数量从最初的一粒种球变成几粒甚至上百粒，因此地面植株会生长得更密集。

● 成串的地下种球

这种做法的坏处是：

（1）断水后干燥的土壤也会随之失去养分，导致第二年发芽生长的植株因缺乏肥力的供给变得瘦弱、僵苗。

（2）除个别品种外，大多数都是以老球为中心，分裂、孕育，地下种球的生长会紧密团结在一起形成一串串的形态，有点像葡萄。种球繁殖过密时，会出现优胜劣汰，小球尚未破土就被大球挤压了生长空间。

（3）地下种球数量太多，致使盆内空间越来越小，影响第三年的繁殖数量和质量。

因此建议花友做个勤劳的养花人，每年在秋植球茎酢浆草进入夏眠的时期，把地下新生种球挖出来，等到秋季来临再播种栽培。

2. 收球保存以度夏

收球的过程比较简单，春末夏初在秋植酢浆草因为高温出现叶片枯黄、植株疲软时，就说明它进入到了休眠准备期，此时停止浇水，等待植株全面枯败后，就可以开始进行收球工作。

● 进入休眠准备期的酢浆草

● 植株全面枯败

收球时，先拔掉地面的枯黄枝叶，整盆倒出，从原本植株生长的位置慢慢往下清理土层，直至露出新生种球，整个过程和收获土豆、红薯的场景差不多。需要注意的是土越干，种球越容易和土壤区别分离，不容易造成遗落漏收的情况。

很多品种的酢球个体不大，经常会出现种球没收干净，第二年旧土循环利用时，出现自播现象，所以收球也是一门非常考验耐心的过程。挖出来的种球如果仍然带着潮气，需要搁置在通风环境下阴干，便于长时间保存。

●自封袋包装

夏季休眠种球无须冷藏，常温下保存，只要提供干燥、阴凉、通风的环境即可。在持续 40 ℃高温的地区，酢球很可能会变质坏死，可把种球放在空调房间，但这会使种球提早结束休眠在炎热时节就迫不及待地发芽。

需要注意的是新手酢友对于储存工具的选择。国内网店一般在 4~6 月收球后陆续上架销售，购买种球时，店家通常的做法是把球放在自封袋内或者牛皮纸袋

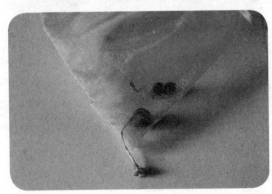
●网纱袋

内发货。切记收货后，必须立即把新购种球从包装内取出，这类密封性较好的包装会让空气不流通，种球得不到足够的氧气无法完成醒球过程，极容易导致种球坏死在包装袋内。

还有一种常被采用的是网纱袋，好处是通风，不会憋死种球。最大的问题是醒球发芽时，稚嫩的芽点会从细小的网孔钻出来，然后就会给化友取球造成进退两难的情况，卡在网洞中的嫩芽一不小心就会折断。

种植酢浆草的前几年，我采用的是收纳盒，小格子划分明确，非常适合归纳不同品种的种球。不过要注意的是，经常听说花友不小心打翻整盘收纳盒，造成所有品种的酢球都混在一起，没法区分。这几年，由于品种增多，种球数量加大，我改用了元件盒储存种球，小抽屉式样，在正面标签栏贴好品种名，找球方便取球容易，是目前我觉得比较顺手实用的贮藏工具。

● 收纳盒　　　　　　　　　　　●元件盒

（二）球茎酢浆草品种介绍

市场上秋植球茎酢浆草的品种众多，每年还在不断地推陈出新，有从国外新引进的品种，也有国内大神级别的玩家自己杂交出新的花色上市，每一款都各具特色，观赏性高，种植简单，非常适合秋冬季节光照充足的环境，深受花友们的喜爱。

由于品种可选择性太多了，对于新手玩家来说可能有点不知所措，在这里根据各个品种的种球形态不同、株型生长特点、种植养护手法、种类系列划分等情况，具体地介绍几款经典品种，仅供大家参考。

1.*Obtusa* 系列

这个系列是以拉丁名"*Oxalis obtusa*"开头的品种，因为整个系列是所有酢浆草中品种最多，花色最全，且品名前面都带有"*obtusa*"，所以被国内花友简称为"OB酢"。

这个系列的特点是：

（1）花期相对较晚，冬季至初春才会陆续绽放，因此被归类为晚花品种酢。

（2）生长期对光照的要求没有早花品种那么高，株型不容易徒长到不可控。

（3）花期特别长，最早可在12月初花，盛花期在2~4月，4月底至5月逐渐休眠，长达半年的花期。

（4）品种繁多，花色丰富，红、橙、黄、粉、白等多种色系，会带来一场视觉的盛宴。

（5）花量惊人，往往一颗小小的种球就能达到爆盆花开的效果。

（6）种球繁殖稳定，秋播种下去一粒种球，第二年能收获5~100粒新的种球。

（7）容易管理，抗寒性特别优越。

以 *Oxalis obtusa* 'Paper Moon'（纸月亮）为例，简单说明一下"OB酢"的种植和养护过程。

●纸月亮

秋播季，我用 11.5*12.5 cm 的酢盆种植了 1 颗种球，埋球后大约一个月左右叶片就慢慢发育舒展，大约 12 月至 1 月 "OB 酢" 就慢慢地开始孕蕾绽放，整个生长期都需要注意水肥的跟进。经过我多年的观察，最寒冷的冬季，"OB 酢" 能抵御零下 7 ℃ 左右的气温，哪怕零下 10 ℃ 被冻伤，也能经过抢救得以挽回，是非常抗寒的品种。

　　经过养护在 2 月至 4 月会迎来惊人的盛花期，它有着淡雅素净的嫩黄色，花瓣薄如纸，花如其名像纸月亮一般清爽宜人。和它雷同撞色的品种倒是有很多，比如 *Oxalis obtusa* 'Flame'、*Oxalis obtusa* 'Sundisc'、*Oxalis obtusa* 'Winter Sun'，等。当然每个品种都有细微差别，这款的花量确实是其中的佼佼者，仅一颗种球，开花效果大大超出花盆所能驾驭的范畴，达到 35 cm 以上的冠幅，花量之大比其他品种密植的效果还要强。

● 播种　　　　　　　　　　　● 叶片舒展

● 花蕾期　　　　　　　　　　● 盛花

酢浆草养成手记

2. 冰淇淋系列

　　大多数酢友都是从"冰淇淋系列"的酢浆草入坑的。这个系列的特点就是每朵花的花背都带着两种色系的背纹，如 *Oxalis goniorhiza*（粉双色冰淇淋），淡雅中又透着艳丽，纯洁的颜色中却带着魅惑的亮采，大幅地增加了视觉美感，含苞待放时的花朵如同冰淇淋甜筒一般甜密可口，因此称其为"冰淇淋酢"。

●粉双色冰淇淋

其中最出名的当属 *Oxalis versicolor*（双色冰淇淋）品种，正面就是平淡无奇的小白花，之所以能不断地吸引花友入坑，正因为它有着极具反差美的妖媚花背，半开状态更是引人入胜的美景，犹如一盏盏莲花灯，待人欣赏爱怜。从品种名的翻译来看，取名者也是取材于它红白相间色彩变幻的花背。这个品种不适合单独一颗种球的种植，它就是需要密植才能开出惊艳的爆盆状态。

●双色冰淇淋正面照

●双色冰淇淋背面照

大约 9 月至 10 月中下旬，双色冰淇淋酢开始陆续醒球，我用的是 25cm 的大口径低矮花盆栽培，密植了大概 40 个大小不一的种球。我的埋球步骤是先填土到离花盆盆口 2~4 cm 左右的位置，然后把种球均匀地分布在土壤上，冰淇淋酢不会出现迷路导致芽点找不到方向无法破土问题，所以不用分清种球的头尾，一律把种球横躺着平放即可，再用薄土覆盖，以盖住所有种球为标准。

●播种

冰淇淋系列的酢浆草比较让人头疼的问题就是徒长，经过 20 天的发育成长，它的株型犹如小树苗一样拔地而起，和很多以生长点为中心如莲花般辐射生长的酢浆草形态有很大的差别，双色冰淇淋酢是有主杆的，长约 2~6 cm 左右，高度取决于养殖环境的光照情况，然后它会在顶端如烟花般爆发出枝叶。主杆在前期如标兵一样挺拔向上，到成长后期，随着花蕾的增多以及叶片的茂盛，茎秆就会因为过于纤细而出现倒伏，届时的株型杂乱无章非常难看。

国内最早的栽培者采取的是填土法，由于最初埋球时离盆口预留了 2~4 cm 的位置，可以在枝叶越过盆口高度时，二度填土，把主杆全部埋起来，这样就能依靠土层的力道支撑住过细的茎秆不坍塌。

而我经过多年的栽培，更喜欢采用压苗法，好处是省土，操作容易，后期开花的高度符合我的预期。压苗法的具体操作，可参考第四章第四节中的介绍。

●压苗

●压苗后枝叶繁茂的双色冰淇淋酢

●盛开的双色冰淇淋酢

冰淇淋系列近年来又繁殖出了一款重瓣品种，*Oxalis versicolor* Double（重瓣双色冰淇淋酢）。花瓣的形态和特征继承了双色冰淇淋酢，正面洁白，花背带红条纹，但是花心不再是简单的嫩黄色，取而代之的是层层叠叠的复瓣，一经推出，这个品种就受到了花友的喜爱。养殖手法和双色冰淇淋酢别无二致，但是经过我的栽

培发现，这个品种缺乏稳定性，大约在 11 月就能初花，从初花起到 1 月初左右，这个阶段开出来的花全部都是单瓣的，直至 1 月中旬开始，重瓣双色酢才渐渐开出复瓣效果，也不能完全排除单瓣的概率，相互夹杂地展露容颜。

●重瓣双色冰淇淋酢

●单重瓣同时盛开

3. 芙蓉系列

芙蓉系列的酢浆草品种也有不少，主要特点是叶片大，花期长，种球繁殖稳定性高。它们开花比较早，秋播种下去约三周至一个半月就能开花，花期能从 10 月一直开到次年 5 月，在早花品种的酢浆草中性能算是非常优越了。

在这里拿 *Oxalis purpurea* 'Garnet'（紫叶芙蓉酢）作为示范举例说明，这款是所有芙蓉系列酢浆草甚至所有秋植球茎酢浆草中唯一紫色叶片的品种，其余秋植球茎酢浆草均是绿色叶子，因此紫叶芙蓉酢是十分特别的存在。它为秋冬季节带来了一份不一样的典雅风情，虽然叶片独具观赏点，但是它的花被叶片的色彩强势压制，反倒不是很有特色，花色是较深的粉色，花型比较圆整，相比较其他品种，芙蓉系列的花径比较大，单朵花最大直径能达 3~4 cm 左右。

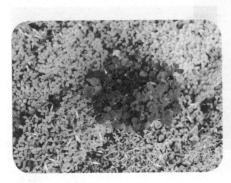

●紫叶芙蓉酢

●开花中的紫叶芙蓉酢

和冰淇淋系列的种植方式正好相反，芙蓉系列的酢浆草大多数都是贴地生长的，不需要预留茎秆的生长空间，建议花友在埋球时尽量离盆口近一点，或者直接把土填到和盆口齐平的高度，我用的是口径 15 cm 的盆，埋了 4 颗球，先布局好种球的种植位置，然后在土壤上用手指往下戳一个洞，把发芽的种球埋下去填土即可，一般种球的小头为芽点，大头为根部，如果分不清可以平躺埋球。芙蓉系列酢浆草有个通病，它们是典型的迷路王，芽点找不准破土的方向，会不按套路地往盆底钻出来。可以采取两种方式解决这个问题，首先是分得清头尾的种球，填土埋球时把生长点嫩芽微微露出土面 1mm，防止它找不准出路。另一种方式是埋球后三周左右，再把球挖出来重新归整芽点生长方向，然后二次播种。请注意手势要轻柔，防止已经生长的嫩芽和根系在挖球时被暴力扯断。

● 播种

● 露出芽点

　　紫叶芙蓉酢新生嫩芽是绿色的，随着时间的慢慢推移、植株的成长、温度的下降，紫叶芙蓉开始从青葱的绿色换成一身雍容的紫色。且它的叶片比较厚实，带有细微绒毛，非常容易挂住水珠，在阳光的照射下形成放大镜的作用，导致光线透过水滴炙伤叶片，所以大家在浇花的时候不要采用叶面喷水，而是直接对根部浇灌更合适。

● 绿色的嫩芽

● 绒毛挂住水珠

  酢浆草养成手记

当花叶爆满花盆的时候，紫叶芙蓉酢浆草是一颗优雅的花球，茂盛的枝叶完全遮蔽了花盆，珠圆玉润，很是讨喜。它的繁殖性能特别稳定，每粒种球都能长出数十粒的新种球，且颗粒饱满，为又一次的秋播再添战力。

● 花球

● 新种球

4. 肉酢系列

之所以被称为"肉酢"，是因为它的叶片像多浆植物一样肉肉的，很是可爱。该类型的酢浆草能孕育出所有品种中最小巧的种球，常态的开花球和其他品种种球并无二致。可是在春末夏初之际，地面植株的近根位置会繁衍出一圈的微小种球，藏在肉肉的叶片下面不容易被发现，这些小种球的大小和芝麻粒差不多，因此也被花友称为"芝麻球"。别看体型格外小巧，但是养护得当，水肥跟进，芝麻球也能开花。且微小种球的群生数量非常惊人，每粒秋播的种球都能在第二年夏季休眠期前繁殖出成百上千粒芝麻球。这个系列的品种并不多，主要的花色有粉色、黄色、白色和橙色。

●肉肉的叶子

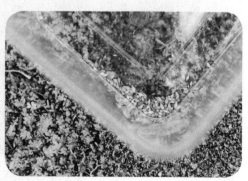

●小巧的种球

我就以 *Oxalis inaequalis* new（新美花肉酢）来举例说明。名字中带有"new"，是因为另有一款 *Oxalis inaequalis*（美花肉酢）。两者不论从株型、品名、花色都格外相似，我个人更推荐新美花肉酢，这款花量比较大。

我用口径 12 cm 的酢盆，5 粒芝麻球就能种出爆盆的效果，花期略晚一般在冬末和春天，盛花期集中于 2 月至 4 月左右，且它的花色更浓郁，成色更显大气。最主要的还是相较于美花肉酢来说，这个品种的花茎比较矮，不会出现过于纤细造成倒伏的情况，是肉酢中很有代表性的一款，作为春季开花的品种，我每年保留，就为了欣赏它热情豪爽的橘红色。

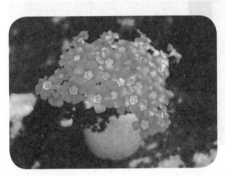

●新美花肉酢

5. 桃之辉系列

桃之辉系列是根据 *Oxalis glabra*（桃之辉酢浆草）命名的。桃之辉系列是酢浆草家族中非常值得栽培的品种，用绚烂的绽放暖化冷峭的酷寒，是冬季精彩绝伦的存在。

这个系列的种球繁衍能力特别强，每一粒秋播

●春种一粒粟，秋收万颗子

的球，在来年休眠季能收获几十甚至几百粒新生种球，且形态比较小，收球的时候会比较考验眼力，容易裹藏在土壤内出现漏收的问题。建议种植过桃之辉系列的旧土不要和其他土壤混在一起，等旧土再利用的时候，会发生没收干净的种球在各个花盆内发芽的情况。

　　桃之辉系列的酢浆草都特别适合密植，我一般采用的是 25 cm 口径，高 12 cm 的花盆密植 40~70 球左右，具体的数量可根据种球大小、种植密度略作调整。由于是密植型品种，等种球全部苏醒发芽后，把它们均匀地分布在土层表面，让芽点互相错开，尽量不要缠绕打架，然后再用薄土覆盖，慢慢遮盖住所有种球即可，大约 10 天左右就能发芽生长，由于该系列的品种茎秆细软容易徒长，对于株型的调控可以参照前文所述的"下压法"和"打顶法"。它的盛花期在冬季，播种 3 个月后就能迎来花期，一直能开到早春气温逐渐回暖。

●均匀分布在土层表面　　　　　　　　●薄土覆盖

　　以 *Oxalis omar*（圆瓣酢浆草）为例，它密植后爆花的能力特别强，温度适宜光照给力的日子，就能开出满盆灿烂的小粉花，无比夺目耀眼。

●圆瓣酢浆草

6. 长发系列

长发系列是一个比较有市场的酢浆草系列，所有的品种都以"*Oxalis hirta*"开头命名。特点就是株型如长发一般飘逸蔓长，种球也是各类酢浆草中个体最大的，形同鹌鹑蛋大小，哪怕是同一品种，种球本身也会因为生长发育不同，有大有小，最大的长发系列种球接近土鸡蛋一般，裹着棕

●种球

褐色外皮，类似于郁金香的种球外形，这些种球在地下时都紧密的依靠在一起长成一串，凭借根系吸收土壤养分长成地下贮藏器官。

这个系列醒球较早，大约在 6~7 月就会陆续发芽，花期也较早，开花温度在18~25℃左右，盛花集中在 9 月底至 12 月初。它们对气温的变化非常敏感，如果想要养到爆盆花开，一般需要在种球一苏醒，就立刻进行播种，比大多数品种要提早入土一个月左右，尽量在温暖的环境下让植株完成生长过程，避开低温对植物的抑制作用，所以它比较适合夏末秋初温暖且光照条件优越的地理环境。例如黄淮地区，长发系列的表现非常惊艳，爆盆效果震撼全场，是让人如痴如醉的优良品种。在夏季 40℃ 高温余热持续，秋季又饱受阴云雾霾影响的华东地区，长发系列的发挥就差强人意。不管是什么品种酢浆草，畏热的属性不会改变，因此一直到 9 月仍在 30 ℃ 高温徘徊的区域很难在 8 月前进行播种操作，生长发育被迫延迟，花期又赶上降温阴雨，就不太能呈现出怒放的开花状态。

　　用 *Oxalis hirta* 'Silk' 举例说明一下长发系列酢浆草的生长，我尝试过用"支架法"，给它提供一个可以延展攀缘的空间，还能束缚由于过长而出现倒伏的枝干，让它能聚拢开花，但在我家长发酢的开花性比较不令人满意，没有达到我想要的爆盆效果，不过它瑰丽俊俏的玫红花色还是挺好看的。

● 支架法

　　本着不放弃的执着，第二年我又用"压苗法"，再度改进了这个品种的种植方式，把过高的植株全部压在盆内固定，保持低矮的观赏角度，比较遗憾的是，我依旧没能种出满盆花开的状态。下一年，打算试着通过种植时间、土壤调配、水肥控制、株型改良等各种方式再度挑战长发系列在秋冬缺乏光照地区的栽培。

● 压苗法

7. 藤蔓系列

藤蔓系列的酢浆草最出名的当属 *Oxalis tenuifolia*（藤双色冰淇淋酢），因为有着和双色冰淇淋酢浆草一样的红白相间花背而得名，但花型比后者小了整整一圈，每朵花径大约只有 0.6mm 至 1 cm 左右。别看它个体比较小，单颗种球的花量爆发力比双色冰淇淋酢更优越，由于我家秋季的养殖环境光照偏弱，因此只能以密植取巧。

●藤双色冰淇淋酢

生长期，藤蔓系列的品种特征就突显出来了，每一颗种球孕育出的嫩芽，主杆都如小蛇一般细长，最初我考虑的是用支架法，提供它们攀援生长的空间，后来发现，还是压苗法更合适。压苗法的使用在前文中已多次提及，在这里就不再赘述，主要是注意藤蔓系列的酢浆草使用压苗法养护过程中，无法一次定型，它的茎蔓会不断生长延伸，需要通过一而再、再而三的压苗手法固定植株，直至藤蔓生长的速度放缓，株型固定，再辅佐以铺面法修饰盆栽，我用的是火山石颗粒遮盖了压苗的痕迹，也在色彩搭配上用红色衬托了绿植的神采。藤双色冰淇淋酢的盛花期在 11 月至次年 2 月左右，娇小玲珑的花儿有着别样的简约和灿烂。

● 压苗法

● 盛花

　　另有一款知名的藤蔓系列酢浆草 *Oxalis clavifolia*（黄藤双色冰淇淋酢），花背是明黄的花色镶嵌了艳红的花边，正面就是简单纯粹的黄色。这款也是藤蔓型酢浆草，主杆、分枝都具有蔓生性，枝干比较细长，需要人为运用支架、压面、补光等手法控制株型的生长。

●黄藤双色冰淇淋酢背面

●黄藤双色冰淇淋酢正面

8. 酒红酢浆草

Oxalis glabra 'salmon'
（酒红酢浆草），按照品种
名划分它应该属于桃之辉系
列，根据株型的生长形态来
看，它更接近于纤茎系列的
近缘，所以单独把它提出来
介绍，这个品种的颜色让人
非常着迷，有着红酒般的甘
醇与清雅。

● 酒红酢浆草

我在 8 月底秋播，为了搭配酒红跳跃热烈的红色，特地避开了深色系的花盆，
选了一款 23*15.5 cm 的白色盆子，由于酒红酢也是密植才能出效果的品种，我直
接播种了 30 多颗大球，又在大球间补了几粒珠芽。所谓"珠芽"，是指生长在植
株叶腋和主杆分枝下面的侧生鳞茎，和种球一样有繁殖能力。我认真研究了一下，
判断是施肥过程中氮肥使用过量，造成了珠芽的大量生长，当生长数量过多就会
在一定程度上影响
地下种球在繁殖过
程中的养分供给，
好在珠芽本身也是
具有生长、开花、
繁殖的能力。珠芽
在纤茎系列、构巢
酢、夜香酢等品种
中经常会出现。

● 珠芽

酒红酢在华东地区埋球后会遇到秋雨绵绵的天气，大约 20 天左右，主杆会因为品种本身纤长的特征以及阴雨天气持续的关系不断徒长，经过多年栽培发现"压苗法"是最适合酒红酢的控徒手段，由于这个品种的茎秆特别细，我选用的是直径 1.5mm 粗细的铝线制作成压苗环进行压倒固定。

　　之所以说酒红酢的形态更接近纤茎系列，是因为在压苗固定后，它的主杆还会不断生长拉长，压苗固定的手法要在整个生长过程中反复使用二至三次，直至把整盆苗的高度控制在理想的生长状态。随着花期的临近，它的盛花期就如同美艳的女神隆重登场。开花时间主要集中在秋冬季，从 10 月初花一直能开到次年 2 月，4、5 月休眠前还能再零星孕育几朵小花。

●压苗法

● 盛花

9. 夜香酢浆草

　　Oxalis fragrans（夜香酢浆草），这是目前国内唯一在晚上开花的酢浆草品种，并且带有香味。准确地说是下午开始开花，盛花时间正好是花友们放学下班之后的傍晚时分，半夜它又会重新收拢，白天就一直是花苞状态，真正的开放时间大约在下午 3 点至晚上 9 点，这和其他酢浆草日开夜合的习性完全相反。至于它的香味，

● 夜香酢浆草

有些花友挺喜欢的，我个人不太爱闻，总觉得就是鸡矢藤开花时的气味，味道过于浓郁。

我于 9 月初用泥瓦盆埋了 4 颗球，它的种球体型较大，力道较足，生长发育速度较快。可惜我在养护上出现了错漏，30 ℃ 秋老虎来袭时，没有及时遮蔽强光，导致最后只发芽了三株苗。夜香酢是早花品种酢浆草，秋播埋球后，很快就能迎来花期，生长阶段，我平均一周追一次水溶性肥，10 月中旬，花苞就陆陆续续地开始孕育，10 月中下旬就能达到盛花。它的花色是淡淡的紫色，带着夜光欣赏仿若度了一层荧光。从埋球算起只历经一个半月的时间，夜香酢就用快捷、轻松、爆盆的状态交出了完美的答卷。

● 盛花

10. 黄麻子系列

这是一个非常知名的酢浆草系列，种球繁殖能力格外强，一颗种球就能新生一堆种球，且颗粒饱满，小球的开花性也很好。这个系列的所有品种均花开黄色，然而叶片上的斑纹全然不同。

以 *Oxalis pes-caprae* L.（黄麻子酢浆草）为例，它的叶片上布满黑色的麻点，花期约有半年，集中在 12 月至次年 5 月左右，花穗比较高，每穗孕育 8~12 朵左右的黄色小花，因此而得名"黄麻子"，盛花期犹如油菜花一般夺人眼球。

●黄麻子酢浆草的叶子

●黄麻子酢浆草开花图

11. 大饼脸系列

大饼脸系列最大的特点就是"大"，它们的种球比常见酢浆草种球大好几倍，醒球比较早，一般在6~8月期间就会苏醒发芽，芽很粗生长速度也格外快。

●大种球

用 *Oxalis bowiei*（大饼脸酢浆草）展示这个系列的生长特性，埋球后大约2~10天就能破土而出，它的叶片也是秉承了"大"的基本理念，一出来就用面积取胜，最大的叶片和成人手掌一般。也有种球一入土就能孕育花穗，先花后叶地展现它们惊人的开花性。大饼脸的花期非常早，大概在7月至次年1月左右，秋播得越早开

●大叶片

花就越早。花大叶大，我用口径20 cm的藤筐栽培，能长到满满一筐的爆盆效果，点缀在花园里有着别具一格的田园风。

●先花后叶

●爆盆

12. 浅黄系列

浅黄系列的品种不算多，花型花色都不突出，株型贴地生长。整个系列的所有品种全部开黄色花，最大的观赏差别在于它们的叶片不同，有些叶型较小，也有的叶片非常厚实。

● 斑叶酢浆草

最具特色的是 *Oxalis luteola* 'Splash'（斑叶酢浆草），叶片正面的花纹如喷洒了血滴一般妖孽，也有比喻它像溅上了一身的泥点，因此这个品种也被花友戏称为"飞溅酢浆草"。除了正面的飞溅纹，叶片的背面也是别具一格，是强烈且浓重的血红色。不管是种球形态、植株生长形态还是花期养护方面，浅黄系列都与芙蓉系列酢浆草类同。

●正面的飞溅纹

●血红色的背面

13. 鸡毛菜系列

这个系列的品种最大的特征就是叶形完全不同于常见的三复叶酢浆草，反而像鸡毛菜一般仅呈现一个卵形单叶。

●卵形单叶

其中最普及的品种 *Oxalis* aff. nortieri（鸡毛菜酢浆草），开花就是普通的粉色，叶片反而比花更有意思。它的种球有点像肉酢系列，除了地下种球之外，还会在土壤表层的植株基部生长一圈迷你小球，小球也能繁殖发芽，但是因为种球力道不足，当年不一定能开花。

●鸡毛菜酢浆草

●发芽的小球

14. 丽花系列

丽花系列的酢浆草，花色显得尤为大家闺秀，给人以粉糯可口的清爽感。例如非常知名的 *Oxalis pulchella* var. tomentosa（绒毛丽花酢），花色呈现淡雅的粉橙色，让人一见倾心。

●密布绒毛的叶片

●绒毛丽花酢

　　这个品种也是贴地生长的株型，不管是叶柄还是花梗，脖子都特别短，几乎紧贴在土层表面，因此埋球的时候，需要把土填至接近盆口的位置，然后用手指在盆土正中间戳一个洞埋好球。半个月左右，新生叶片就能很快地发芽生长，这个品种的叶片上有很明显且数量非常多的细软绒毛，甚至用手摸都能感到一层柔软的触感，非常有特色。它属于早花酢，花期在秋季，为了防止小黑飞等侵害，可以用铺面装饰盆土，我用的是植金石，前期效果还不错，后期会因为水渍的原因慢慢变成黄色，影响美观度。

●初恋酢浆草

15. 初恋系列

初恋系列的最大特点就是醒球早，发芽早，开花早。最具代表性的品种就是 *Oxalis* 'First Love'（初恋酢浆草），淡淡的粉色，小小的花，有一种初恋般的美好。它的种球在夏季来临之际进入短暂的休眠，炎热的地区大约只有半个月至一个月左右，到了五六月份，刚刚休眠的种球立马就会苏醒。但在持续 40 ℃ 高温的地区，醒球后，不用马上栽培，可以等温度下降后的 8 月底播种，不然气温过后，植株会再度休眠。而在夏季气温不高，舒适清凉的区域，这个品种没有休眠期，甚至能当四季酢浆草养殖。

16.Depressa 系列

这是一个小众系列，特点是醒球早，花期早，休眠早，整个生长过程都比其他秋植球茎酢浆草快一步。用 *Oxalis depressa* 'Pink' 举例，它的种球个体差异比较大，大一点的球能入土后不久就孕育花蕾破土而出，能做到先花后叶。植株特征是茎秆较长较软，对光照要求偏高，花期比较短，一般集中在夏末秋初。

● *Oxalis depressa* 'pink'

● 花蕾

17. 星星酢系列

星星酢这个系列，就我所知，国内只有两个品种，一款开粉色花，一款开白色花。它们的叶片比较有特点，细细长长显得轻灵，如同化蝶一般在纷飞翩舞，也像小星星一样独具闪光点。普及品种 *Oxalis stellata*（星星酢浆草），花开粉色，密植的花量比较大，花期在 8~12 月左右，属于早花品种中非常值得栽培的一款。它的种球颜色偏浅，个头比较大，繁殖能力也很稳定。

●轻灵的叶子

● 星星酢浆草

18. 叶脉系列

关于叶脉系列酢，主要特征表现在叶片正面带有极具观赏性的脉纹。比较有代表性的 *Oxalis orbicularis*（紫叶脉酢浆草），每片叶子的三复叶上各在中心位置标有一条笔直的紫色纹路，特别有辨识性。9 月初，我用 11.5*12.5 cm 的酢盆埋了两粒种球，不到 20 天的时间就快速地发芽生长并且初花，搭配火烧土粒作为铺面，让盆栽看起来更清爽美观。它的花期比较早，集中在秋季和初冬，开花时间从 9 月至 12 月左右，花型花色并不出奇，就是非常迷你的洁白小花，紫叶脉酢主要的欣赏角度还是在它独一无二的叶脉纹上。

● 初花

● 盛花

酢浆草养成手记

19. 伞骨系列

伞骨系列酢浆草，顾名思义，它们的叶片像雨伞的伞骨一样。例如 *Oxalis cathara*（白花伞骨酢），我用 15*15 cm 的花盆埋球，生长速度特别快，大约埋球一个月后就能开花。花期也比较长，从 10 月能开到次年 3、4 月。它的抗寒性非常卓越，零下 4~8 ℃ 左右的露养环境，白伞骨被冻伤，叶片花苞出现下垂疲软，无须特殊护理，自己就能慢慢恢复，在气温逐渐回升后，它又能神采奕奕地展露风貌。

●叶子如伞骨

●清新小花

20. Y 叶系列

Y 叶系列酢，最大的看点就在于它的叶片呈现英文字母"Y"字形，每一片叶子由三个"Y"复叶组成，是非常独特的叶片形态。以 *Oxalis bifurca* 'White'（白 Y 酢浆草）举例，它的株型有明显的主杆，由于属于早花品种，花期在 9 月至 12 月左右，种球力度足够时，花芽会随着茎秆的生长一同孕育。白 Y 酢就是开白色小花，从单朵花看并不起眼，还是叶片的噱头更足。单颗的繁殖数量比较稳定，次年可以挑选个头比较大的种球种植。

●"丫"形叶子

●白丫酢浆草

21. 爪子酢系列

　　爪子酢系列，属于观叶品种，和常见三复叶酢的叶片形态不同，爪子酢的品种非常多，爪叶形态也各有特色，有的犹如鸡爪子一般，感觉会挠人；有的仿若蒲扇，能带走夏季的酷暑；有的则是形同万千小手，伸向落日托举太阳。它们的种球外形和颜色有点像醋大蒜瓣，黄褐色，圆润且很有光泽。

● 蒲扇般的叶子

● 如万千小手的叶子

　　但是它们的花相对于叶片来说并不算很惊艳，比如 *Oxalis* 'Gold Island'（黄金岛酢浆草），花开黄色，花背有浅棕色背纹，株型略松散，可以考虑适当密植。还有 *Oxalis* 'Autumn Queen'（秋日皇后酢浆草），浅浅的粉色，揭开儒雅清风的秋。

●黄金岛酢浆草

●秋日皇后酢浆草

22. 羽扇豆叶系列

　　这个系列同样属于观叶酢浆草品种，叶片厚实，且呈现蓝绿色，区别于常态酢浆草叶片，形似羽扇豆（鲁冰花）的叶子，因此被花友命名为羽扇豆叶酢。例如 *Oxalis flava* 'Lavender Form'（羽扇豆叶酢），它的种球和爪子酢系列类同，在地面部分出现变黄枯萎后整串种球从地底挖出，干燥、通风、阴凉保存即可。

●羽扇豆叶酢

●种球

23. 构巢酢和粉星酢

　　Oxalis nidulans（构巢酢浆草），这款必须是强势推荐，它花色清新淡雅，更重要的是在秋季多阴雨地区，它可以无视零光照，在严重缺乏阳光的情况下，照样灿烂绽放。完全违背了大多数酢浆草晴开雨合的生物特性，因此广泛受到花友们的热捧。构巢酢的种球比较大，大球接近于橄榄

● 构巢酢浆草

的体型，我用 18*18 cm 的盆密植了 10 球，虽然它的种球形态挺大颗，但是它的植株却比较娟秀，花朵也是小巧玲珑，是非常适合密植爆盆的品种。

另有一款 *Oxalis*'little peach'（粉星酢浆草），和构巢酢在形态、花色、习性等各方面都有着惊人的相同点。这两个品种没有很明确的系列归属，由于它们可以在阴雨天坚持开花的优良品性，深受饱受缺乏光照困扰的华东、西南等地花友们喜爱。粉星酢浆草从品种名翻译也有叫它"小桃红酢浆草"的，它的花瓣更细长，像小星星一样耀眼。但是不管是株型、叶片、还是种球等方方面面都比构巢酢小了一圈，用同款花盆粉星酢浆草我埋了 12 球，后期植株的繁茂程度和开花花量都比构巢酢稍弱，以此判断，下一年的秋播，粉星酢浆草的密植球数还能再增加，至少可以增加到 15 球。

● 粉星酢浆草　　　　　　　　　　　● 粉星酢浆草与构巢酢浆草

24. 纤茎系列

酢浆草品种中，株型最奇葩的大概就是这个系列了。它们的特点就是主杆非常纤细柔长，且好似漫无止境一般地不断伸长再伸长，比如最出名品种 *Oxalis gracilis*（橙色纤茎酢浆草），叶片也如枝干一般细细长长。我栽培了一颗种球，最初并不看好它的表现，总担心会长成摇摇欲坠的瘦高个儿。新芽破土而出后，倒是打消了我的疑虑：它的茎比较有韧性，完全可以支撑繁盛的花序，稍稍有些头重脚轻的株型，反而成就了一种飘逸潇洒的姿态。主茎长至 10 cm 高时，我用直径 2 cm 的铝线制作了一个小型的花架。轻轻把茎缠绕其上，橙色纤茎酢从此不再一鼓作气地往上蹿，而是铆足了劲儿开始横向发展。从 1 粒种球到开出繁盛的小花，只用了短短两个半月时间，它的花期集中在秋季。夺目的橙色无论是阴雨雾霾还是艳阳高照，都是异常抢眼的主角。

● 花架法

● 盛花

四、"OB酢"特色品种介绍

Obtusa 系列酢浆草即"OB酢"，是所有酢浆草中品种最多，花色最全的一个系列，由于花色多，同一系列内有多个不同的色系，同一类色系也有不同的色号，常常让人分不清，在此介绍一些较有特色的品种。

（一）红色系

Oxalis obtusa 'Coral'

　　这个品种和其他"OB酢"相比，不是以花量取胜，它的优越性在于花色。珊瑚红色非常夺目，在一群花海里很容易辨识到它的色调，花大色艳，让人一眼就能看见。

Oxalis obtusa 'Spring Charm Orange'

　　这个品种的花是一种稍深沉的朱红色。花量大，花色美，十分讨人喜欢。它的株型呈小树状，有主杆，在主杆顶端生长叶片，孕育花蕾。在栽培种植时，需考虑到它的植株高度，也可以在后期徒长时用压苗法做调整。

Oxalis obtusa 'Ceres Salmon'

这个品种的花属于鲑红色，同样是红色系，但有区别于其他品种的红艳，它如初生朝阳一般富有活力，又带着古典女神的端庄神韵，风采卓越。

（二）橙色系

Oxalis obtusa 'Safflower'

这个品种是国内玩家通过*Oxalis obtusa* 'Coral' 和*Oxalis obtusa* 'Sunglow'杂交后得到的花色，父本和母本一款是珊瑚红色，一款是橙色，因此杂交后得到的花色就是现在"Safflower"的橙红色，花大色艳，辨识度极高。

Oxalis obtusa 'Sunshine'

　　Oxalis obtusa 'Sunshine'，从名字就能看出，它有着阳光的热烈和璀璨。让人不由自主地联想到温暖的阳光迎着寒风伴着春潮如约而至，带来无限美好的遐想。

Oxalis obtusa 'Orange Cream'

　　这个品种颜色接近于粉橙色，糯糯的小花带着温暖、明快的节奏，它属于小花型"OB酢"，但花量很大，一颗种球的花量就能达到见花不见叶的满盆效果。

Oxalis obtusa 'Coppery Orange'

　　这个品种拉丁名直译是"铜色橙"，色彩带有金属感，花瓣和花心对比很强烈，橙色花瓣和黄色花心都是很艳丽的色调，组合在一起，给人视觉上的冲击。

Oxalis obtuse 'Lava Splash'

　　这是一个亮橙色的品种，因为它带着热辣洋溢的浓彩，又有着猛烈爆发的花量，所以被命名为"岩浆"。

Oxalis obtusa 'Fireglow'

　　这款中文名叫"火光"，花瓣颜色介于米黄色和杏色之间，黄色花心之外有一圈橙红色的花喉，组合在一起如同点燃的星星火光。

（三）浅色系

Oxalis obtusa 'Wheat'

　　这个品种是典型的杏色系，在逞娇呈美的缤纷花色中，浅色系反而拥有了独特的气质，虽然不是第一眼美女，但很适合搭配调剂在众多色彩中，中和视觉美感。

Oxalis obtuse 'Rosey Frost'

这个品种正面是清浅如徐徐春风的象牙白，在一大堆艳丽娇俏的花色中，用最清爽色调占据了一席之地。花背有着红色的喷溅纹，如画龙点睛一般衬托着它温文儒雅的气质。

Oxalis obtusa 'Lilac Grey'

这个品种被命名为"丁香灰"，猛然一看是灰色的，并不起眼，细细分辨才发现它其实是介于浅粉色和浅橙色之间。不属于夺人眼球的靓丽型，却独具特色，非常耐看。

（四）粉色系

Oxalis obtusa 'Spring Charm Pink'

这个品种是让少女心爆棚的桃粉色，青春洋溢感扑面而来，用11.5 cm 口径的酢盆栽培了一颗种球，能做到花满不见盆。

Oxalis obtusa 'Blush'

　　这是非常有名的经典老品种，花瓣格外圆整，羞涩憨纯的藕粉色花瓣带着红色花喉的点缀，色调柔和娇美。它花型不大，却是一球就能养爆盆的好品种，非常适合密植。

Oxalis obtusa 'Damask Rose*Rose'

　　这是一个由国内花友杂交得来的品种，尚未有正式名，只能标注父本和母本的名字。中和了两者的色彩，颜色是非常柔和的玫瑰粉。花开爆盆效果非常惊人。

Oxalis obtusa LA （deep pink）

　　这个品种属于深粉色，是大花类品种，深粉色花瓣带一圈红喉，颜色不算太突出，它最大的特点是花量奇大，属于能轻松做到爆盆的绝佳品种。

Oxalis obtusa 'Rose Glow'

　　这个品种是粉色系花，它最大的看点是花喉，浅色的花瓣搭配着一圈深色的红喉，对比强烈，优点显著。它的花型特别大，在爆盆怒放的酢浆草花海里，非常抢眼夺目。

（五）黄色系

Oxalis obtusa 'Comosa Yellow'

　　这个品种是很纯正的黄色酢，在一群橙、红、粉等开爆盆的酢浆草花海里，纯黄会特别出挑。这款的花量和其他品种相比不算太突出，但它的种球繁殖数量很稳定，是一款经典的品种。

Oxalis obtusa 'Sunset'

正如它的品种名翻译一般，犹如落日的晚霞，美地不可方物。它的正面是非常平凡的黄色小花，背面却有着红艳如血色的条纹花背，在逆光下，能在正面反透出背面晚霞般的红纹。

Oxalis obtusa 'Spring Charm Yellow'

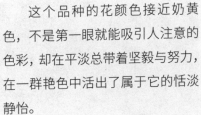

这个品种的花颜色接近奶黄色，不是第一眼就能吸引人注意的色彩，却在平淡总带着坚毅与努力，在一群艳色中活出了属于它的恬淡静怡。

Oxalis obtusa 'Apricot Cream'

这是一个非常经典的品种，黄色小花搭配红色花喉，花喉别致的品种符合主流审美，一直受到花友的热捧。

Oxalis obtusa 'Large Form'

　　紫色的"OB酢"基本都是大花系品种，在阴雨天也会绽放美丽的容颜。这个品种的花喉比较有特色，花瓣和花心连接处有一圈白色的花喉。色调清丽，看起来雅致高贵。

Oxalis obtusa 'Siberite'

　　这个品种中文名叫"紫碧玺"，花如其名，色调花纹都如碧玺一般高雅。这个品种的背纹格外漂亮，有抓痕一般的红血丝，又有自由喷洒的飞溅纹。

　　把花盆搁置在逆光的窗台位置，光照打在花背上，光线透过轻薄的花瓣把背纹的美直接印在正面。此时拍出来的照片会更具层次感，使画面多一种灵动。

Oxalis obtusa 'Pinwheel'

Oxalis obtusa 'Pinwheel'（风车酢），这个品种的特点很鲜明，有着细瘦的花瓣，茎也比较高，随风飘曳的样子如同风车一般。另外，它的叶片也有别于大多数"OB 酢"的心形叶，是非常巨大的细长叶，非常容易辨认。

Oxalis obtusa 'Large Form*Coral'

这个品种父本和母本分别是 *Oxalis obtusa* 'Large Form' 和 *Oxalis obtusa* 'Coral'。它继承了"Large Form"紫色的花色，整体是靓丽的紫红色。同时也有"Coral"花瓣上的条纹。

图书在版编目（CIP）数据

酢浆草养成手记 / 蓉儿著. -- 南京：江苏凤凰文
艺出版社，2019.3
ISBN 978-7-5594-3253-7

Ⅰ. ①酢… Ⅱ. ①蓉… Ⅲ. ①酢浆草科－果树园艺
Ⅳ. ①S667.9

中国版本图书馆CIP数据核字(2019)第016001号

书　　　名	酢浆草养成手记
著　　　者	蓉儿
责 任 编 辑	孙金荣
特 约 编 辑	马婉兰
项 目 策 划	凤凰空间/马婉兰
封 面 设 计	周婉
内 文 设 计	周婉
出 版 发 行	江苏凤凰文艺出版社
出 版 社 地 址	南京中央路165号，邮编：21009
出 版 社 网 址	http://www.jswenyi.com
印　　　刷	固安县京平诚乾印刷有限公司
开　　　本	710 mm×1 000 mm 1/16
印　　　张	10
字　　　数	80千字
版　　　次	2019年3月第1版 2024年1月第2次印
刷标 准 书 号	ISBN 978-7-5594-3253-7
定　　　价	52.00元

（江苏凤凰文艺版图书凡印刷、装订错误可随时向承印厂调换）